全景光设计

间接照明设计全书

曹传双　策划

沈辛盛 袁立超　编著

江苏凤凰科学技术出版社·南京

图书在版编目（CIP）数据

全景光设计 ：间接照明设计全书 / 沈辛盛，袁立超
编著. -- 南京 ：江苏凤凰科学技术出版社，2023.1（2024.8重印）
ISBN 978-7-5713-3319-5

Ⅰ．①全… Ⅱ．①沈… ②袁… Ⅲ．①室内照明－照
明设计 Ⅳ．①TU113.6

中国版本图书馆CIP数据核字（2022）第227769号

全景光设计　间接照明设计全书

编　　　著	沈辛盛　袁立超	
策　　　划	曹传双	
责 任 编 辑	赵　研　刘屹立	
特 约 编 辑	刘立颖	

出 版 发 行	江苏凤凰科学技术出版社
出版社地址	南京市湖南路1号A楼，邮编：210009
出版社网址	http：//www.pspress.cn
总 经 销	天津凤凰空间文化传媒有限公司
总经销网址	http：//www.ifengspace.cn
印　　　刷	天津裕同印刷有限公司

开　　　本	787 mm×1 092 mm　1 / 16
印　　　张	13.5
字　　　数	208 000
版　　　次	2023年1月第1版
印　　　次	2024年8月第4次印刷

标 准 书 号	ISBN 978-7-5713-3319-5
定　　　价	88.00元

图书如有印装质量问题，可随时向销售部调换（电话：022-87893668）。

序一

1

舞台灯光大师斯坦利·麦坎德利斯（1897—1967）说："如果我们看到剧院里的照明是如何影响气氛的，就会感到在不久的将来，我们也许可以在住宅或者其他地方营造这种气氛，那儿比剧院更重要。"

他的学生，被后世誉为"现代建筑照明设计之父"的理查德·凯利在建筑空间中把舞台灯光的精髓发扬光大。

凯利不仅是一位伟大的照明设计师，还是建筑师、灯具设计师、发明家、照明教育家和照明灯具制造商。虽然现在有些人对灯具制造商还存在一定的偏见，但是我相信随着灯具制造商对照明设计理解的加深，进而在项目中发挥越来越重要的作用，这样的状况会逐渐得到改善。

凯利提出的影响至今的"照明三部曲"（焦点光、环境光和华彩光），成为照明设计的经典理论。

他在 1952 年发表的论文《光是建筑设计不可分割的一部分》里，是这么描述环境光的：

"环境光是乡间的晨雪，是山顶微明的薄雾，是海面上低垂的阴天，是从水底仰望的荡漾的天穹，是正午阳光下白帐中的柔光。"

"环境光是开阔的剧院里宽大的风景画幕，没有可见光却照亮了房间。它是雾状的，让我们可以感觉到间接的光。"

减弱环境光弱化了周边事物和人的重要性，让人觉得空间是无边界的，可以给人自由的感觉。减弱环境光会让人觉得宁静安心。

环境光是空间的灯光基调，正如女性妆容的粉底、香水的前调，重要性不言而喻。

环境光的主要呈现方式就是我们所熟知的"间接照明"，它为空间提供基础的环境亮度，它的光线是间接的、柔和的、宁静的、令人安心的，给人自由、放松、舒缓的感觉。

《全景光设计　间接照明设计全书》这本书，就间接照明这个课题进行了深入的研究和拆解，希望能给业界尤其是有志于从事灯光设计工作的人，提供一些有益的启发和实用的落地参考。

2

我们有幸站在巨人的肩膀上，看得更远。

我提出的"全景光六部曲"：作业光、环境光、焦点光、华彩光、节律光、媒介光，是从凯利的"照明三部曲"基础上发展而来的。基于科学、技术、应用实践和用户需求的发展，我增加了另外三种光：作业光、节律光和媒介光。

作业光是基于光最基本的也是最重要的功能——"满足视觉作业"提出的。节律光可通过光的非视觉效应对人身心健康产生影响，它包括不同光谱组成、光照数量、光照时长、光照时机等对人的警觉活力、节律、身体机能和情绪的影响。媒介光则是指在越来越多的项目中，用光来传递信息，比如应用越来越多的光显设备、投影设备、裸眼 3D 等。作业光是照明的基本价值，而节律光和媒介光则是光超越照明功能的价值。

"全景光六部曲"是全景光设计理论中重要的落地指导部分，但并不是全景光设计的全部。

全景光设计理论的本质和起源是"以人为本"的灯光设计，目的是满足人的视觉、健康和情感需求。核心是场景营造，技术基础是 LED 光源、照明光学和智能控制的发展和成熟。

因为有了 LED 光源技术和照明光学技术的发展，我们可以更便利地获得光的数量、颜色和分布；因为有了越来越成熟和普及的智能控制技术，我们可以对光的照度、颜色和分布进行便捷的调节控制。这就意味着，我们的灯光设计不再局限于提供一种恒照度、定色温的静态光环境，而是可以提供调光、调色、调分布的动态光环境。

因此，我们得以在建筑空间的灯光设计中加入时间（运动或变化）的概念，将灯光设计从空间维度推进到场景维度，提供以场景营造为核心的灯光设计，而场景的落地是"情"，这就是全景光设计。

"全景光"这个词借鉴了声学设计中"全景声"的命名。"全景光"中的"景"代指"场景",是指人在空间中不同时间的活动。"全"并不是"多而全"的意思,而是指在任意一个场景中,不管身处哪个位置、看向哪个方向,我们的整个光场,从"看"到"用",从视觉到体验,都是合适的、恰当的。

全景光设计是一套新的灯光设计理论和实践体系,它纳入了时间(运动或变化)的概念,将灯光设计从空间维度推进到了场景维度。通过对空间进行全景光设计,使空间不再只是空间,而是一种可以为人们提供美好的生活体验的场所。

在广东好光智慧照明科技有限公司广州总部办公室的白墙上,写着这么一段话:

光是世界的未解之谜。

没有什么比光更神奇。

光是空,是无。

光造物,形形色色。

光生影,美景,意境。

光是空间,是空间的形,也是空间的魂。

光是时间,是瞬间,也是永恒。

光是视觉,光是健康,光也是情绪。

我们为人设计光,为场景设计光。

总的来说,为生活设计光。

光是通道,通往……

这是我所见,对光最为深刻和最具哲理的认知和理解之一。

70 年前,在《光是建筑设计不可分割的一部分》文章的最后,理查德·凯利说:"光既是艺术,也是科学。1952 年,我们正在进入一个神秘而奇妙的新时代。"

今天,我们站在 2022 年,灯光的价值被进一步地发现和发展,节律、人因、健康、智能、内容、交互、通信等,方兴未艾,我们又将进入一个什么样的时代呢?

3

　　《全景光设计　间接照明设计全书》是全景光设计系列书籍的第一本。未来，我们将推出更多的全景光设计系列书籍，让更多的人了解光，认识到灯光设计的价值，理解灯光设计的本质和底层逻辑，掌握灯光设计的思维、方法、知识和技能，借此持续践履云知光的使命——"推动照明产业升级，让人居光环境更美好"，让灯光设计这只"旧时王谢堂前燕"，可以"飞入寻常百姓家"。

　　特别感谢我的同事沈辛盛先生和好光智慧照明联合创始人兼产品总监袁立超先生担任本书的编撰，感谢广东好光智慧照明科技有限公司联合创始人兼首席执行官王淑珍女士和广东好光智慧照明科技有限公司对全景光设计理论体系的发展和实践落地的全力支持，感谢天津凤凰空间文化传媒有限公司的各位同仁们。

　　这本书从撰写到出版，历时几年，不是一件容易的事情，推广全景光设计是非常有价值、有意义的事情。"进窄门，走远路，做难而正确的事情，终究会得见光明"，与各位共勉，也与本书的读者们共勉。

曹传双

全景光设计理论开创者
《全景光设计　间接照明设计全书》策划人
北京云知光信息技术有限公司创始人兼首席执行官
照明行业品牌咨询和渠道转型顾问
清华大学经营管理学院工商管理硕士（MBA 硕士）
复旦大学光源与照明工程系学士

序二

一个空间一盏灯，空间就亮；如果空间复杂，有进深，就会产生局部空间的暗或阴影，为了能照顾到空间的每一个角落，就需要另外加灯。

单灯照亮的空间的亮度是向边界梯度递减的，是符合数学逻辑的单项递减。如果觉得灯的照度不足，就增加灯的数量或提高单灯的功率。长久以来我们就是沿用这样的做法，这也是理性的功能主义所倡导的，但体验却是单调的。

当我们考虑太阳光与空间的关系时，光的进入路径顺序与灯光是不一样的。一般做法是开窗将南向、东向、西向、北向的阳光引入室内，有时还增加屋顶天窗。进光的照度是由外至内梯度递减的，最亮的部分在进光的边缘界面，日光无法像灯光一样将光源布置在空间的中心。大挑檐的传统建筑既要遮阳又要引入光线，有一种做法是在院子里铺白沙，利用反射将光引入室内，这时光照的形态就是间接光了，日本作家谷崎润一郎就大加赞赏这种利用二次反射将光引入居住空间深处的方法。这时没有强烈的光线，这种光更像是光雾，给人一种阴天晦暗的感觉，于是有了《阴翳礼赞》的诸多阐说，该书中把利用间接光的做法上升到了日本光文化的高度。

白天，室内空间要考虑灯光与阳光的平衡，照明就是阳光与灯光的光线接力，把光送到空间的深处。

夜晚，情况正好相反，室外是暗的，室内光要照亮室外空间，要平衡灯光的照度和亮度。在生活中，空间照明的任务首先是看得见，然后是如何从简单的看得见上升到体验、感受、停留，目标是能够与光相处，触摸光。日本建筑大师安藤忠雄说过建筑是功能性的，而建筑的魅力就是你离建筑功能需求有多远，即所谓的空间张力。灯光也是这样，在满足了空间照度、亮度后，你离空间照度和亮度的维度有距离，就是光的张力，也是光的魅力。

在没有家具、没有居住陈设的空间里，你会感觉声音是硬的，光也是硬的。而当空间有家具、陈设和不同体积不同质感的材料加入时，光被家具、陈设无数次地折射和反射，光就好像被驯化了一样，变得柔和了。

在北欧建筑巨匠阿尔瓦·阿尔托的设计中，即使是天光，也要经过厚厚的天井多次反射后才导入室内。丹麦设计师保罗·汉宁森的 PH 灯,用灯罩将光线来回遮挡并反射导出,从中获取弥漫出的光线用作照明,可谓煞费苦心。

间接照明的通常做法是设计灯槽,如果灯槽的做法与空间设计的目的相结合,意义会更大。比如将灯槽设置于天花与墙面交界处,不仅能够表现墙的空间界面属性,还能提供垂直照度;当灯槽与窗户结合时能够关联室内外,为城市夜晚照明做贡献;当灯槽设置在空间深处时,可以起到延伸空间的作用。

间接照明除了采用折射和反射的手法外,还有一个很重要的手法就是过滤。光通过隔断进入室内,隔断可以是纱、磨砂玻璃,以及有孔洞的砌筑、格栅,光通过这些隔断时,能为空间增加一些神秘的色彩。日本著名建筑师隈研吾擅长将建筑立面作为空间的进光口或者滤光层,让光有诗意地进入。现代照明之父理查德·凯利,为了表现建筑师菲利普·约翰逊的玻璃屋的通透感,用一些射灯将玻璃屋后面的树照亮。

我认为,间接照明是人们为了研究空间中光与人的相处方式、拓展直接照明的不足而生的。照明是功用性的词语,光是充满诗意的存在。我们盼望在空间中与光诗意般地相处,从此,生活便是诗意的。

《全景光设计 间接照明设计全书》看似是表现技法的工具书,但它的实际目的是希望设计师依仗这个工具谱写出空间光的诗篇。

许东亮

栋梁国际照明设计(北京)中心有限公司总设计师
中国照明学会理事
北京照明学会创新与成果转化委员会主任
国际照明设计师协会(IALD)专业会员

序三

万物有灵且美，光也是如此。直接照明有铺陈热烈的美，间接照明有含蓄柔和的美。由间接照明营造出的空间的光是温柔的、包容的、治愈的。

在我的办公室内，办公桌与茶几上的鲜花和边桌上的摆饰分别使用直接照明照亮，阳台和桌旁的绿植景观也在射灯的投射下呈现出如在阳光下斑驳的树影和勃勃生机。除此之外，整个空间的氛围则全部由间接照明来营造。

在天花板与墙面的弧形交界处，光源隐藏其间，开灯后宛若天光透过一条狭缝进入了房间，消除了整个空间的闭塞感。

右侧进门处的天花板特意做了二级吊顶，形成吊顶级差，在级差处做了一整条发光的光带，开灯后像阳光从墙面高处开的条窗透进了房间。

与天花板结构融于一体的灯具，为房间提供了基础的环境照明，营造出自然柔美的整体空间基调。当它们变成彩色，弧形墙面被光渐变晕染，和对面高处侧窗的间接光产生色彩的对撞时，空间立刻就有了另一番趣味，牵动着人的情绪。在这里，光的变化是丰富而微妙的，营造出的氛围是沉浸而细腻的。

除了高处的间接光，把沙发背后墙面的镂空砖作为出光面，装在特制的经喷白处理的木盒子上，在盒子的内侧装好 LED 灯带，让木盒子的整个腔体发光，做成一个发光的盒子，再让这光盒子矩阵排列，形成一面光墙。

这面光墙，看上去像是连通着户外的阳光，让空间显得更开阔、更自然，成为整个空间中又一处光景观。它的光可以进行强弱冷暖的变化，可以是壁炉跃动的篝火，也可以是天空中绽放的绚烂极光。它可以是彩色的，整面光墙可以一起变化，每个光盒子单独变化，突变、渐变、速变、缓变，追逐、呼吸、跃动……它是律动的，可以随着音乐跳舞。

这面光墙，和天花板上的间接光、低位的间接光以及阳台端景墙上月亮的间接光，一起构成了变化无穷的光组合，给了这个空间无限的可能，而且能满足办公、商务洽谈、晚宴接待、聚会、饮酒畅聊、练字修心、冥想放空等各种各样的场景需要。

空间是天地墙的围合，是一个场。当光线进入其中时，我们就对这个空间有了基本的印象。

经过精心设计的光线，会形成一个光场，有了光景，进而空间就有了丰富的表情、情感和灵魂。人们生活在这样的空间里，生命品质是高的，每一天的生活场景都是美好的。

"好光"成立至今已三年，刚开始做"好光"的时候，我们被迫远程线上居家办公，我尝试用一些手工的方法，比如用一个小小的桌面射灯把光投射到插在瓶里的枯枝上，使其在墙上和天花板上留下斑驳的树影来让家更有氛围、更有趣味。

这些小小的灯光游戏，让我更深地感受到：灯光对于家居美好生活的裨益是如此的显著，只需要稍加用心，就可以让整个家的氛围都得到改变；而我们家居灯光环境的现状是如此单调贫乏，多数不能很好地满足日常需求，更谈不上审美享受，甚至存在眩光、频闪、高蓝光等影响身心健康的诸多问题。

在家待的时间越长，我做"好光"的信念越坚定。"为生活设计光"不再只是"好光"品牌的一句口号，更是来自我内心的声音，是我的责任和使命。我相信"好光"可以帮助越来越多的家庭享受到更舒适、健康、美好的生活。

百万家庭用"好光"，是我们的使命和愿景。希望通过书籍出版的方式，将"好光"在全景光设计领域的多年理论沉淀和实践探索经验传播出去，让设计业界掌握光的营造方法和情绪密码，让大众都能享受全景光设计带来的美好生活。《全景光设计 间接照明设计全书》是全景光设计理论中重要的一本。

感谢这本书的策划、"云知光"的创始人兼首席执行官、全景光设计的开创者曹传双先生，他对照明产业发展高瞻远瞩，在灯光设计专业上有精深造诣，令行内众人敬仰；他在灯光设计普及教育上恳切用心和坚定笃行，带领"云知光"推动着整个中国照明产业发展前行，令业界人人感佩。

感谢本书的编著者沈辛盛先生和袁立超先生，历时两年多，克服各种困难，终于将这本手册呈现在读者面前，他们是"云知光"专业和奉献精神的践行者，是追光的人，也是发光的人。感谢所有为本书的面世提供帮助和贡献力量的同仁。

愿"好光"照见美好世界，照亮美好生活。

王淑珍（Linda Wang）
广东好光智慧照明科技有限公司联合创始人兼首席执行官

前言

灯光设计能够为人们提供有品质的视觉体验。照明设计师作为视觉工作者，需要理解空间设计中各部分的构成和属性，利用光的特质，去完成空间的视觉表达。

如果说建筑物的构造像"骨架"，内部软装、硬装组成的就是"肉"，那么光就像"血液"和水一样，是无形态的。当光融于建筑时，空间就会呈现出新的生命力和视觉效果。

我们的认知和学习，大多是先从感知开始的。语言、艺术、建筑、科学等，我们都是先用感性思维，真实地去感受它、观察它，再用理性思维，用定理、规律、语言去解释它、理解它、分析它；然后才是发现问题、解决问题的过程。艺术家们从小因耳濡目染的熏陶，形成一种自然的认知和思维，本质也是先从感知中培养审美。

照明界的前辈许东亮老师曾翻译过日本的《间接照明》一书，让我很受启发。我们也有幸请到了许东亮老师为《全景光设计　间接照明设计全书》作序。他在序中说："照明是功用性的词语，光是充满诗意的存在。我们盼望在空间中与光诗意般地相处，从此，生活便是诗意的。"这段对照明所营造的美的意境的文字描述，让我产生了深深的共鸣。

所以，在本书开篇，我们会先从若干个日常生活场景开始认识光，用浅显的语言娓娓道来，让你再一次感知到"光"的美原来在我们生活中无处不在，并借用经典案例和典故阐明光与空间、建筑、自然以及人们之间的关系。

建筑本质是为了人们的生活而存在的，人们对生活品质和审美的追求产生了新的消费需求。

在空间光的设计运用上，不再一味地追求用光效率和只满足可视需求的实用功能主义，而是更多地关注营造空间氛围、视觉舒适性这些能赋予使用者生活态度和情绪价值的空间功能。所谓流行应该就是大众认知需求和解决办法共同进化后的行业现象吧。

于是，空间表达的形式慢慢地向简化、不喧宾夺主的趋势发展，尽可能使灯具形式弱化并融入建筑，形成同一种空间语言，用这种极简的表达方式塑造空间，但又能同时满足多元化的功能场景需求和情绪氛围需求。

空间全景光的理念也影响着照明设计的趋势，"以人为本"，对空间和行为进行梳理和整合，以场景营造来满足人们日常的视觉、情感和健康的光环境需求。而间接照明是其中一种重要的用光手法，也符合现代人对空间审美需求的衍化。其表现形式在某种程度上和当前火热的所谓"无主灯"概念相似，都是注重空间整体的视觉体验。但其底层逻辑却有着根本性的不同，相比而言，全景光设计理论体系更系统、科学、可落地，有着非常深远的设计实践指导意义。

在项目流程中，室内设计和照明设计的配合也变得和以往不同。过去室内设计师在设计完一个空间后，才会去思考空间的灯光，但往往到了那个阶段，留给灯光发挥的空间已经很有限了。

有时为了营造某种灯光视觉效果，需重新调整室内设计，就会造成很多室内相关部分的被迫调整，进而影响项目进程。尤其在间接光的设计上，有时需用暗槽去完成灯具的隐藏，并需留足特定的反射距离才能达到理想的出光效果。即使目前市场上有很多光源和软装结构做成的一体式线性灯具产品，有时也需室内软装进行相应的配合。

所以，本书将项目中的心得和体悟集结成册，望能给照明设计师或有实际需求的读者提供一个快速、有效学习设计的路径，让室内设计师在创作前有一定的借鉴，至少对所创作视觉空间的灯光效果有一定的预判，知道在进行空间设计时就把灯光预先考虑进去。提前掌握间接光的知识对室内设计也是非常有必要的，希望本书能对读者有所启发！

沈辛盛

目录

间接照明概述

本章我们将从生活场景、大自然的启发、东方审美文化、国内外经典大师案例、一个空间实验等多个角度，让你了解间接光对视觉和精神方面的影响。同时，梳理了间接光的常见分类。

生活中的间接光

生活小场景里的间接光

"移竹当窗，粉墙竹影"是自然光造景的经典案例。画论里常说的"以素壁为纸，以墨竹为画"，就是以白色的墙当作纸，竹影投在墙上，天光、竹和粉墙，刚好构成一幅水墨画。

墙上的竹影

水墨画

间接光营造的视觉效果，也在影响着人们的情绪。"枯藤老树昏鸦"，衰败枯萎的藤枝缠绕在花叶凋谢、饱经沧桑的老树上，借助昏黄的间接光，形成了背光剪影的效果。昏鸦凄厉的哀鸣在听觉层次上又加深了秋天黄昏里悲伤落魄的色彩。

设计要考虑人的感官体验，要为人的感受服务。在空间中，真正的奢华并非肉眼可见的名作佳品，而是人们在居住空间中形成的视觉、听觉甚至嗅觉的美妙体验。

黄昏里的枯树

在建筑空间中，设计师为了营造犹如置身于山谷听风语的自然氛围，经常会采用轻薄的障子门（日式木质糊纸门窗）来间隔空间。阳光透过纸窗，洒进房间，形成斑驳的光影效果。起风时，白色的纸窗上、木质的地板上，树影婆娑，古朴宁静。

日式庭院障子门上的树影

门廊地板上的光影

日本作家谷崎润一郎曾说："如果把日式客室比作一幅水墨画，那障子门就是墨色最浅的部分。"纸窗作为取景框，树影随光线的位移而变化，正是所谓的"移竹当窗"。在这一画面里，光与影的巧妙运用形成隽永的韵律感，宛如一幅极富诗意的水墨画。在这样的房间里度过一个午后，会不会察觉不到时光的流逝呢？

夏日里的屋檐可以隔绝直射的阳光，让房间里保有一丝阴凉；冬日里的屋檐则把微弱的阳光引入室内，让房间充满暖意。古往今来，我们就这样利用屋檐结构和日照的关系，使光线静悄悄地透过门窗，悠然沁入室内空间，我们以这纤细温柔的光为乐。而庭院里那排列整齐的竹篱笆、厅堂里那浅淡柔和的砂壁，靠着这间接的微光，形成了朦胧之美，也算是间接光与建筑最原始的融合了。

间接光下的砂壁

我们旅行时从空中俯瞰一座城，城市街道映射出的微光，在黑夜里以不同明暗比例映入我们的眼帘，这座城的肌理和脉络也被收入眼底。这种巧夺天工的呈现方式，从宏观视角来看，有点像室内的间接照明，它以街道建筑作为反射介质，利用间接漫射的方式呈现出美妙的夜景，给我们的视觉和精神上都带来了温暖。

俯瞰城市夜景

不论是墙上的"画"（立面正视角）、头顶上的屋檐（顶部仰视角），还是俯瞰的城市之夜（低位俯视角），都巧妙地和自然光或人造光融合在一起，以某种形式呈现出视觉上的美感。

间接光给人以更丰富的视觉体验和精神情感

自然光是最原始的间接照明。太阳直射光一般有高达 100 000 lx 的局部照度，容易让人产生视觉疲劳和紧张感。同时，太阳光在天空这样的巨大反射面上也会不断产生各种扩散光，给我们的生活环境带来接近 20 000 lx 的均匀照度，以提供我们生活所需的安逸光环境。

在自然光下，随着照射方向、色温、强度的瞬息变化，我们感受着万物的变化。山脉上光影的起伏，雾气里光的复杂层次，云朵的晕染，水面的泛光，叶子的闪烁，树干上叶影的投射……

我们邂逅过海边夕阳余晖的光、溪谷树隙间婆娑的光、山头即将破云而出的光、浮动在水面上一片片金色的粼粼波光、雨后天空中的彩虹光、一瞬间跃起的山雀羽毛上的光、暗夜里清冷且明晃晃的月光……这些间接光与大自然依存在一起，相映生辉，给我们带来丰富的视觉体验。这些稍纵即逝的美，常常刻在我们记忆里，难以忘怀。

海边夕阳余晖的光

山头即将破云而出的光

雨后如泼洒的葡萄酒般的晚霞

水面上浮动的粼粼波光

天地有大美而不言，大自然中分分秒秒惊艳我们的光和各种变化的色彩，充实着我们的精神。人们潜意识里希望以各种方式留住这份美。"欲将诗句绊余晖"，苏东坡试图用文字留住夕阳的美好；法国印象派画家莫奈则想用画留住塞纳河上刹那间的光，那金光颤动、充满生命力的破晓瞬间，那太阳西垂、霞光晕染的朦胧瞬间，都能给人以慰藉。这或许也蕴含着人们对间接光的一种精神上的追求和憧憬吧。

《峭壁，埃特勒塔的日落》，克劳德·莫奈，1883 年 　《日出·印象》，克劳德·莫奈，1872 年

因为光的介入，我们感受着大自然与光之间的互动，这些微妙的视觉体验成为用光设计的灵感来源。在建筑空间里，间接光与各类结构、肌理、色彩的巧妙结合，也会产生不同层次的奇妙视觉体验。

我们在空间中利用光在建筑结构间多次漫反射的方式，在可见材质上形成"均质的发光面"。与直接照射的方式相比较，间接照明能更好地提供舒适、安逸、柔和的视觉光环境。间接光在家具或结构里晕染出明暗渐变的淡淡光晕，会营造出放松、梦幻的视觉氛围。

间接光的呈现更符合东方审美文化里的"幽"

东方美学非常推崇"幽"。这首《菊影》全篇没有一个"菊"字，作者用含蓄的方式，借助光影描绘菊花在不同环境介质下的美：

秋光叠叠复重重，潜度偷移三径中。
窗隔疏灯描远近，篱筛破月锁玲珑。
寒芳留照魂应驻，霜印传神梦也空。
珍重暗香休踏碎，凭谁醉眼认朦胧。

古人欣赏生活里间接光营造的幽静、朦胧之美，在艺术呈现上也喜欢用含蓄的方式表达。这也许是蕴藏在东方审美文化里的基因。

"幽"在东方审美里，有一种安静和隐藏之感。

空谷幽兰，即闻得到兰花香却未见花，东方文化认为不易被发现的美才是真正动人的美；中国古代插花也是通过线条式的三两枝体现宁静禅意之美，和西方"花团锦簇"的外放式的美大相径庭。

"幽"在空间的呈现上也是安静和隐藏的，曲径通幽的动线形式让人充满好奇。桃花源的入口是"初极狭，才通人。复行数十步，豁然开朗"，这种娓娓道来的画卷式的呈现方式包含着东方审美里的含蓄和内敛。

如果东方园林的入口没有假山作为屏障，如果现代建筑空间的入口没有玄关作为缓冲，那还有什么乐趣呢？

曲径通幽

东方园林入口

　　"幽"的意境还体现在中国绘画里，如黄公望的《富春山居图》，长13 m；夏圭的《溪山清远图》，长9 m；王希孟的《千里江山图》，长12 m，皆描绘烟波浩渺、层峦起伏的美景。如果把一幅画切割成多个部分，每个部分都可自成一画，整个体验过程通过不断卷收遮盖引发新的好奇，它通过"立轴"视线的上下阅览，和"长卷"视线的左右移动，一边好奇，一边回忆，暗示着时间的无限性。

　　我们在建筑空间里采用间接光所营造出柔和、温润、安逸、隐约、朦胧的场景视觉体验，以及见光不见灯的设计方式，与东方文化含蓄内敛的"幽"是不谋而合的。

〔北宋〕王希孟《千里江山图》局部

〔元〕黄公望《富春山居图》局部

建筑空间中的间接光

间接光也在平衡人与建筑空间及自然的关系

　　光就像设计师手中的一支神奇画笔。它既能表现细节又能把控整体，既可以表现空间的形态、轮廓、体量感、纵深感，也能表现材料表皮的质感，还可以把空间的层次关系、画面的虚实等都一一呈现出来。更重要的是，它可以平衡人与建筑空间及自然的关系。

　　日本作家谷崎润一郎在《阴翳礼赞》中，用阴影的观点诠释了东方文化中"绚烂大半潜隐于黯淡之中"的美学倾向，是在寻找适合环境的美。

　　当代建筑师同样很关注建筑与环境的关系。建筑师隈研吾从材料与光入手，将建筑隐于自然，完成环境与建筑的对话。在他的中国美术馆处女作"知·美术馆"中，用间接光把建筑融于自然，让建筑在自然中"消失"。

知·美术馆（手绘）

　　艺术家詹姆斯·特瑞尔擅长表现光和空间的关系，他喜欢把光作为一种物质材料，让自然光和人造光透过各种造型结构的窗射进室内空间，让人们体验生活中常被忽略的光营造的神秘奇妙的视觉氛围。

　　建筑师妹岛和世则是从构造与光入手，借着建筑的构造，以间接光烘托建筑，完成对建筑特征的提炼。他设计的迪奥（Dior）东京表参道店很好地诠释了光在建筑表现中的"轻"和"透"，给人白色、明亮、轻盈、通透、开放、愉悦的感观体验。

　　日本著名建筑师安藤忠雄最为人称道的是他的光和清水混凝土。他用光让人们感知自然，重新认识自己和自然的关系。他设计的"光之教堂"作为现代主义风格的宗教建筑，虽然在建筑形态上没有仿古元素，但普通人一看就会认为这里是教堂，一进去映入眼帘的是十字造形结构里透出的自然光，一瞬间会被光营造的神圣感所震撼，安藤先生在某种程度上也完成了建筑对艺术文化和宗教性的表达。

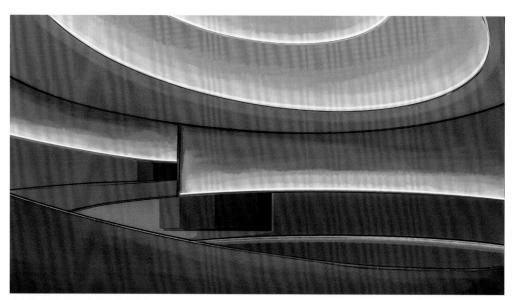

古根海姆博物馆艺术展（手绘）

迪奥表参道旗舰店（手绘）

光之教堂

光的美并非独立存在的，它只有融入建筑、空间和自然后，才能呈现出层次丰富的、震撼心灵的美。建筑大师们都希望在建筑空间中引用类似"天空光"的效果，现代照明手法也都在为创造"均质的发光面"而努力。撇开功能性，这样做更多是为了寄予建筑空间更具精神性的情感。

间接光在建筑空间里的呈现形式

间接光在建筑中的呈现看似千变万化，但万变不离其宗，主要通过以下几种方式呈现：
①自然光的引入。例如采光天窗、采光玻璃幕墙的透射，以及水面的反射。
②过滤光。利用和式纸窗、张拉膜、灯罩等作为半透光的形式。
③结构式泛光的应用。利用天花、立面、低位等结构的泛光。

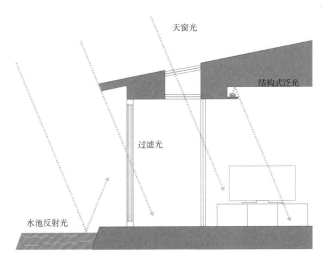

间接光的三种形式

罗马万神殿的自然光引入

机场公共空间的自然光引入

障子门过滤后的光

亚克力灯罩过滤的光

结构式泛光：光的空间（新华书店）

结构式泛光：上海 BFC 建筑外立面

间接光在室内空间中的视觉作用

通过一个实验，了解不同用光方式在营造空间视觉感受上有什么不同。

直接方式

间接方式

从实验结果中我们不难发现，间接照明的方式相对直接照明方式来说，给人的视觉感受更柔和、均匀，就像一幅画的底色。灯光随着结构的漫射，晕染出局部光晕，弥漫出一种虚幻浪漫的氛围。

直接照明在塑造视觉焦点和明暗对比方面，更富有张力。当采用以扩散光为主的手法塑造空间时，可以运用重点光作视觉转折，以达到空间视觉的平衡。

在这里，我们并非一味地强调间接照明有多无所不能，而是先让你准确了解到间接照明在空间中扮演的角色，由此思考如何更好地运用这一种表现手法，去平衡空间的明暗比例关系，从而完成合适的视觉表达。

间接光的视觉作用主要有：

1. 环境照明的作用

厨房空间的环境光

卧室空间的环境光

2. 突显空间视觉焦点，强化立面

餐厅空间的背景墙

商业空间的立面装饰墙

3. 结合空间结构，起到烘托氛围、丰富视觉层次感及引导的作用

橱柜低位的氛围光

阳台墙面层板的氛围光

间接光在室内空间中的应用类型

间接照明手法都是在创造"均质的发光面"，针对室内空间的结构式泛光，按空间的构成，基本可分为天花间接光、立面间接光、低位间接光。

1. 天花间接光（对空间起到环境光照明作用的光）

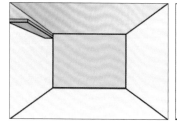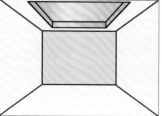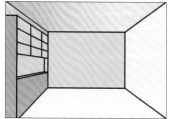

2. 立面间接光（突显空间视觉焦点、墙面质感，结合家具结构烘托氛围和丰富空间层次）

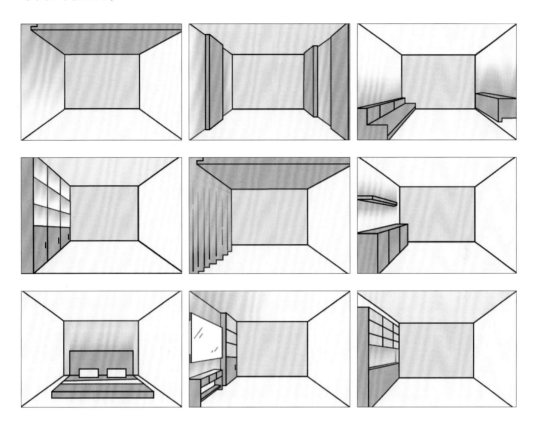

3. 低位间接光（起结合家具结构烘托氛围、丰富空间层次及空间引导的作用）

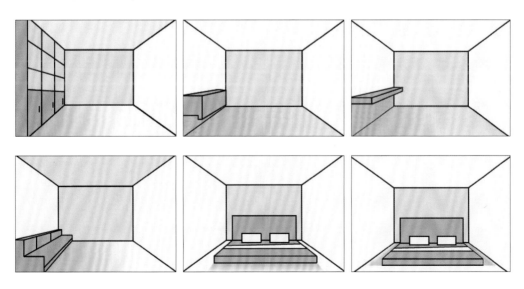

（本章图片来源：好光®）

间接照明在家居
空间的应用实验

本章以常见家居空间为例，在同一空间中分别采用以直接
照明为主和以间接照明为主的方式，并对两种方式进行对比，
详细罗列出各方案的灯具布置位置，以及节点设计与使用的灯
具类型，让你感受同一空间内不同照明方式所产生的视觉效果
差异。

客厅空间

直接方式

方案 1：主灯基础照明 + 局部功能照明

◎ 展示效果

均匀饱满度 ★★★★
立面视觉焦点 ★★★
氛围层次感 ★★★

空间效果展示

◎ 灯光位置分布

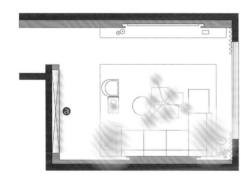

灯光分布图

直接方式方案 1 照明设计要素

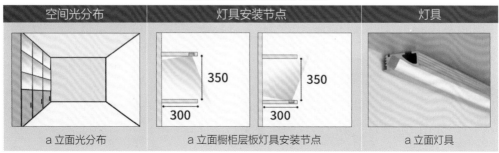

空间光分布	灯具安装节点	灯具
a 立面光分布	a 立面橱柜层板灯具安装节点	a 立面灯具

注：本书图中所注尺寸单位均为毫米。

方案 2：非主灯重点照明 + 局部功能照明

◎ 展示效果

均匀饱满度 ★★★★★
立面视觉焦点 ★★★★
氛围层次感 ★★★

空间效果展示

◎ 灯光位置分布

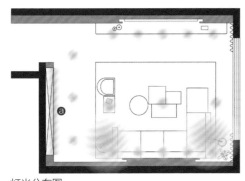

灯光分布图

直接方式方案 2 照明设计要素

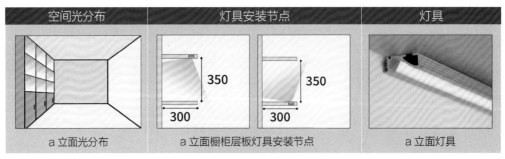

空间光分布	灯具安装节点		灯具
a 立面光分布	a 立面橱柜层板灯具安装节点		a 立面灯具

间接方式

方案 1：间接照明 + 局部功能照明

◎ 展示效果

均匀饱满度 ★★★★
立面视觉焦点 ★★★★★
氛围层次感 ★★★★

空间效果展示

◎ 灯光位置分布

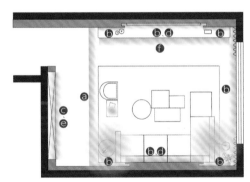

灯光分布图

间接方式方案 1 照明设计要素

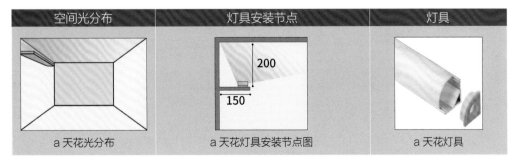

空间光分布	灯具安装节点	灯具
a 天花光分布	a 天花灯具安装节点图	a 天花灯具

（灯具安装节点图标注：200、150）

全景光设计　间接照明设计全书

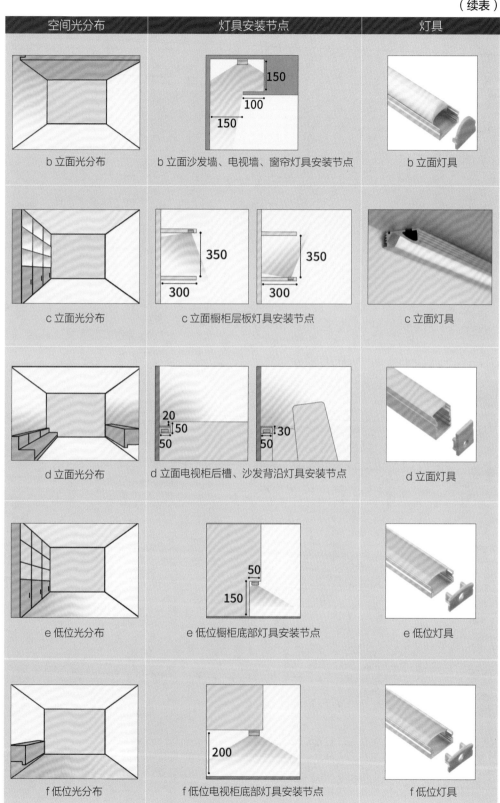

空间光分布	灯具安装节点	灯具
b 立面光分布	b 立面沙发墙、电视墙、窗帘灯具安装节点	b 立面灯具
c 立面光分布	c 立面橱柜层板灯具安装节点	c 立面灯具
d 立面光分布	d 立面电视柜后槽、沙发背沿灯具安装节点	d 立面灯具
e 低位光分布	e 低位橱柜底部灯具安装节点	e 低位灯具
f 低位光分布	f 低位电视柜底部灯具安装节点	f 低位灯具

方案 2：间接照明 + 局部功能照明

◉ 展示效果

均匀饱满度 ★★★
立面视觉焦点 ★★★
氛围层次感 ★★★★★

空间效果展示

◉ 灯光位置分布

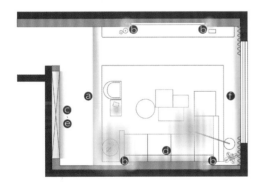

灯光分布图

间接方式方案 2 照明设计要素

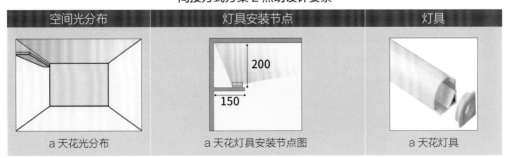

空间光分布	灯具安装节点	灯具
a 天花光分布	a 天花灯具安装节点图	a 天花灯具

全景光设计　间接照明设计全书

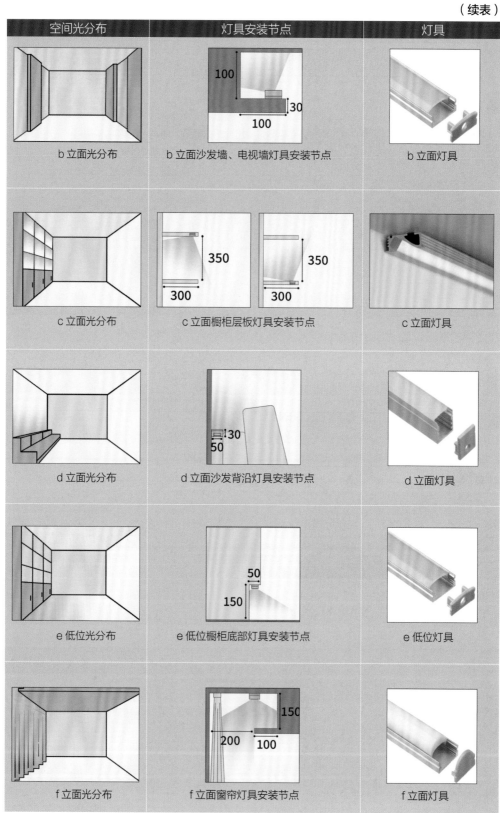

空间光分布	灯具安装节点	灯具
b 立面光分布	b 立面沙发墙、电视墙灯具安装节点	b 立面灯具
c 立面光分布	c 立面橱柜层板灯具安装节点	c 立面灯具
d 立面光分布	d 立面沙发背沿灯具安装节点	d 立面灯具
e 低位光分布	e 低位橱柜底部灯具安装节点	e 低位灯具
f 立面光分布	f 立面窗帘灯具安装节点	f 立面灯具

| 餐厨空间 |

直接方式

方案 1：主灯基础照明 + 局部功能照明

🌫 展示效果

均匀饱满度 ★★★★★
立面视觉焦点 ★★★
氛围层次感 ★★★

空间效果展示

🌫 灯光位置分布

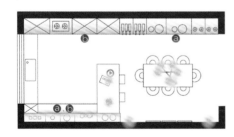

灯光分布图

直接方式方案 1 照明设计要素

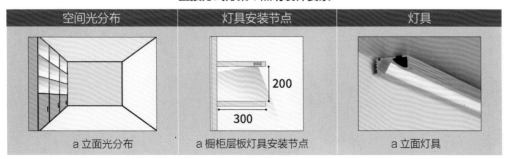

空间光分布	灯具安装节点	灯具
a 立面光分布	a 橱柜层板灯具安装节点	a 立面灯具

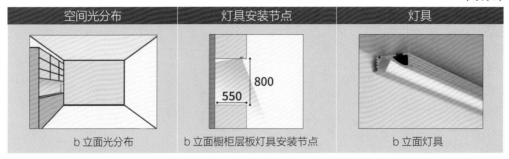

空间光分布	灯具安装节点	灯具
b 立面光分布	b 立面橱柜层板灯具安装节点	b 立面灯具

方案 2：非主灯局部重点照明 + 局部功能照明

✿ 展示效果

均匀饱满度 ★★★
立面视觉焦点 ★★★★★
氛围层次感 ★★★★

空间效果展示

✿ 灯光位置分布

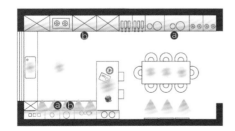

灯光分布图

直接方式方案 2 照明设计要素

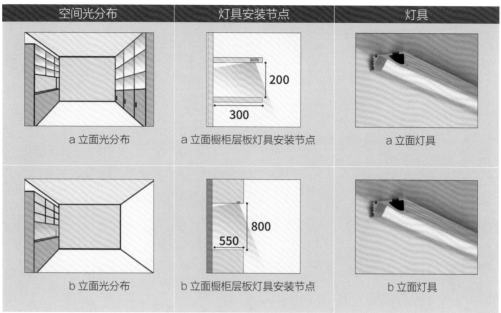

空间光分布	灯具安装节点	灯具
a 立面光分布	a 立面橱柜层板灯具安装节点	a 立面灯具
b 立面光分布	b 立面橱柜层板灯具安装节点	b 立面灯具

间接方式

方案 1：间接照明 + 局部功能照明

◎ 展示效果

均匀饱满度 ★★★★
立面视觉焦点 ★★★★
氛围层次感 ★★★★★

空间效果展示

◆ **灯光位置分布**

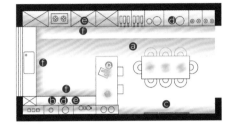

灯光分布图

间接方式方案 1 照明设计要素

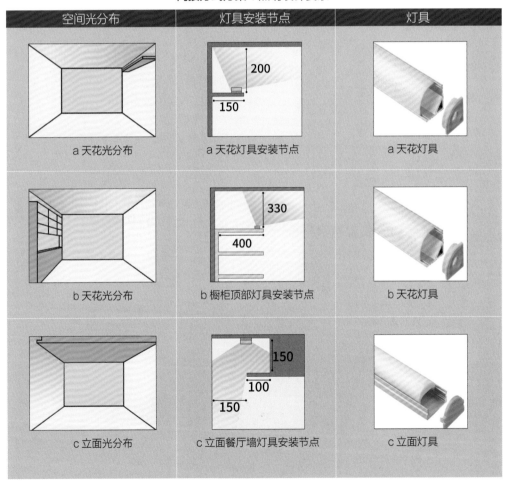

空间光分布	灯具安装节点	灯具
a 天花光分布	a 天花灯具安装节点 200 150	a 天花灯具
b 天花光分布	b 橱柜顶部灯具安装节点 330 400	b 天花灯具
c 立面光分布	c 立面餐厅墙灯具安装节点 150 100 150	c 立面灯具

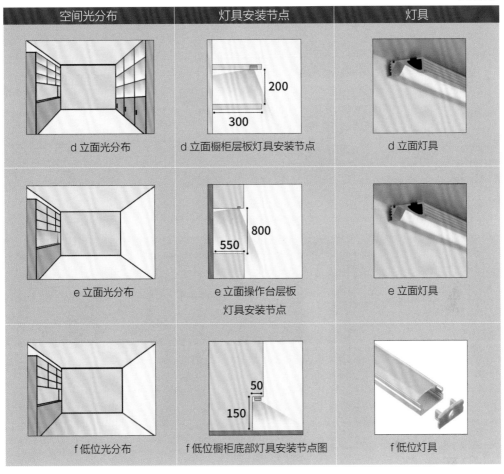

空间光分布	灯具安装节点	灯具
d 立面光分布	d 立面橱柜层板灯具安装节点	d 立面灯具
e 立面光分布	e 立面操作台层板 灯具安装节点	e 立面灯具
f 低位光分布	f 低位橱柜底部灯具安装节点图	f 低位灯具

方案 2：间接照明 + 局部功能照明

◎ **展示效果**

空间效果展示

均匀饱满度 ★★★
立面视觉焦点 ★★★★★
氛围层次感 ★★★★

◎ 灯光位置分布

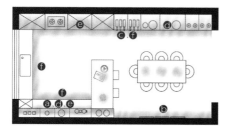

灯光分布图

间接方式方案 2 照明设计要素

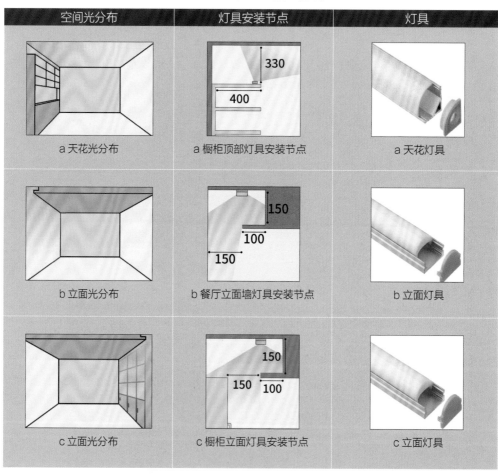

空间光分布	灯具安装节点	灯具
a 天花光分布	a 橱柜顶部灯具安装节点 330 400	a 天花灯具
b 立面光分布	b 餐厅立面墙灯具安装节点 150 100 150	b 立面灯具
c 立面光分布	c 橱柜立面灯具安装节点 150 150　100	c 立面灯具

（续表）

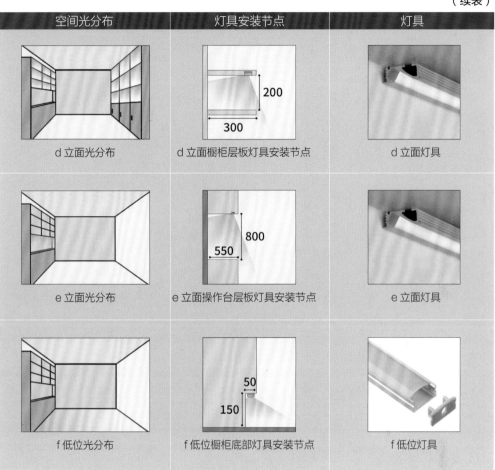

空间光分布	灯具安装节点	灯具
d 立面光分布	d 立面橱柜层板灯具安装节点	d 立面灯具
e 立面光分布	e 立面操作台层板灯具安装节点	e 立面灯具
f 低位光分布	f 低位橱柜底部灯具安装节点	f 低位灯具

| 主卧空间 |

直接方式

方案1：局部重点照明 + 局部功能照明

◎ 展示效果

均匀饱满度 ★★★★
立面视觉焦点 ★★★★
氛围层次感 ★★★

空间效果展示

◎ 灯光位置分布

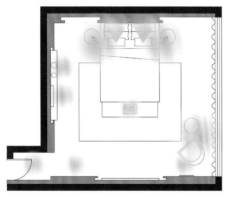

灯光分布图

方案 2：局部重点照明 + 局部功能照明（线性磁轨）

⚪ 展示效果

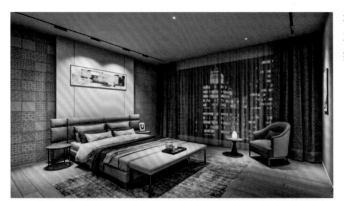

均匀饱满度 ★★★
立面视觉焦点 ★★★★★
氛围层次感 ★★★★

空间效果展示

⚪ 灯光位置分布

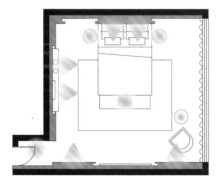

灯光分布图

间接方式

方案：间接照明 + 局部重点照明

◎ 展示效果

均匀饱满度 ★★★
立面视觉焦点 ★★★★
氛围层次感 ★★★★★

空间效果展示

◎ 灯光位置分布

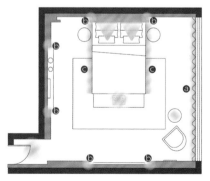

灯光分布图

间接方式方案照明设计要素

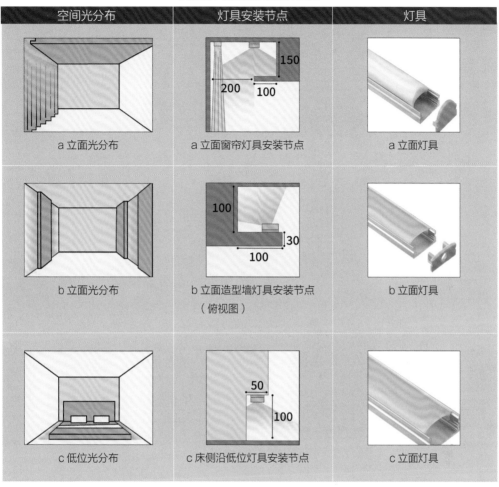

空间光分布	灯具安装节点	灯具
a 立面光分布	a 立面窗帘灯具安装节点	a 立面灯具
b 立面光分布	b 立面造型墙灯具安装节点 （俯视图）	b 立面灯具
c 低位光分布	c 床侧沿低位灯具安装节点	c 立面灯具

｜卫浴空间｜

直接方式

方案：基础照明＋局部重点照明

展示效果

均匀饱满度 ★★★★★
立面视觉焦点 ★★★★
氛围层次感 ★★★

空间效果展示

灯光位置分布

灯光分布图

直接方式方案照明设计要素

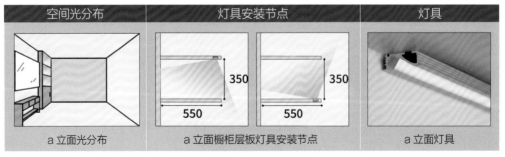

空间光分布	灯具安装节点		灯具
a 立面光分布	a 立面橱柜层板灯具安装节点		a 立面灯具

空间光分布	灯具安装节点	灯具
 b 立面光分布	900 b 立面镜前灯一体式示意	镜子自带面光灯具

间接方式

方案：间接照明 + 局部功能照明

◐ 展示效果

均匀饱满度 ★★★
立面视觉焦点 ★★★★★
氛围层次感 ★★★★★

空间效果展示

◓ 灯光位置分布

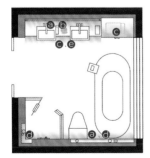

灯光分布图

间接方式方案照明设计要素

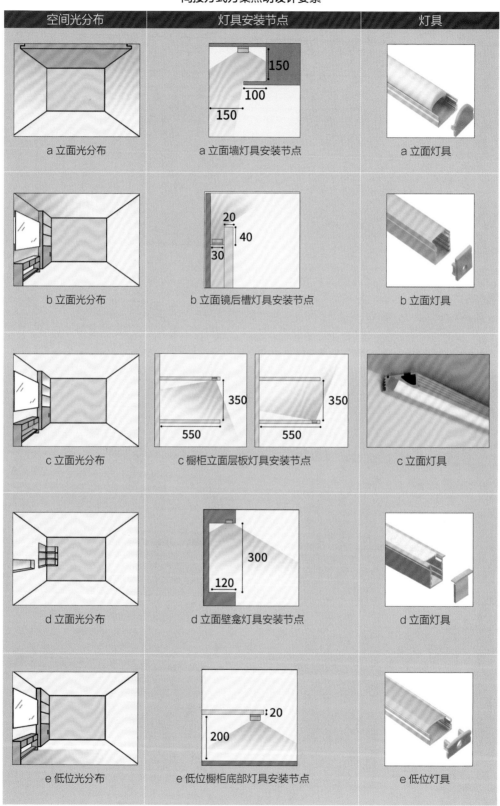

全景光设计 间接照明设计全书

空间光分布	灯具安装节点	灯具
a 立面光分布	a 立面墙灯具安装节点	a 立面灯具
b 立面光分布	b 立面镜后槽灯具安装节点	b 立面灯具
c 立面光分布	c 橱柜立面层板灯具安装节点	c 立面灯具
d 立面光分布	d 立面壁龛灯具安装节点	d 立面灯具
e 低位光分布	e 低位橱柜底部灯具安装节点	e 低位灯具

玄关和过道空间

直接方式

方案：基础照明 + 局部重点照明

○ **展示效果**

均匀饱满度 ★★★★★
立面视觉焦点 ★★★
氛围层次感 ★★★

空间效果展示

○ **灯光位置分布**

灯光分布图

直接方式方案照明设计要素

空间光分布	灯具安装节点	灯具
a 立面光分布	a 立面橱柜层板灯具安装节点	a 立面灯具

间接方式

方案1: 间接照明 + 局部重点照明

● 展示效果

均匀饱满度 ★★★
立面视觉焦点 ★★★★★
氛围层次感 ★★★★

空间效果展示

● 灯光位置分布

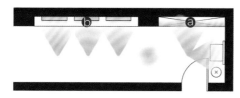

灯光分布图

间接方式方案1照明设计要素

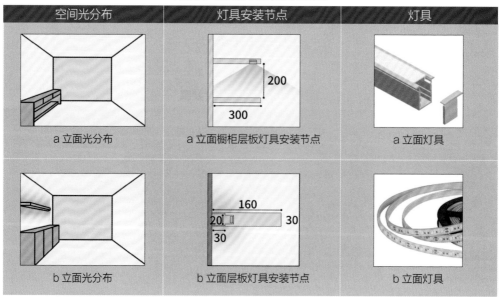

空间光分布	灯具安装节点	灯具
a 立面光分布	a 立面橱柜层板灯具安装节点	a 立面灯具
b 立面光分布	b 立面层板灯具安装节点	b 立面灯具

方案 2： 间接照明

📄 展示效果

均匀饱满度 ★★★★
立面视觉焦点 ★★★★
氛围层次感 ★★★★★

空间效果展示

🌸 灯光位置分布

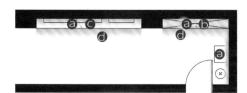

灯光分布图

间接方式方案 2 照明设计要素

空间光分布	灯具安装节点	灯具
a 立面光分布	a 立面墙灯具安装节点	a 立面灯具

全景光设计　间接照明设计全书

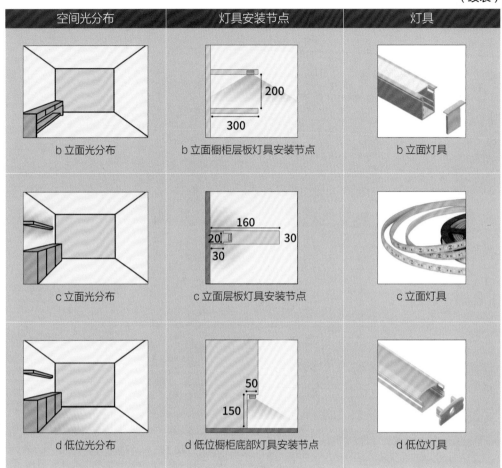

空间光分布	灯具安装节点	灯具
b 立面光分布	b 立面橱柜层板灯具安装节点	b 立面灯具
c 立面光分布	c 立面层板灯具安装节点	c 立面灯具
d 低位光分布	d 低位橱柜底部灯具安装节点	d 低位灯具

｜阳台空间｜

直接方式

方案：局部重点照明

◎ 展示效果

均匀饱满度 ★★★
立面视觉焦点 ★★★★
氛围层次感 ★★★★

空间效果展示

◎ 灯光位置分布

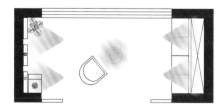

灯光分布图

间接方式

方案：间接照明＋局部重点照明

⬤ 展示效果

均匀饱满度 ★★★★
立面视觉焦点 ★★★★
氛围层次感 ★★★★★

空间效果展示

⬤ 灯光位置分布

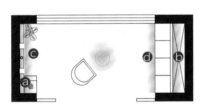

灯光分布图

间接方式方案照明设计要素

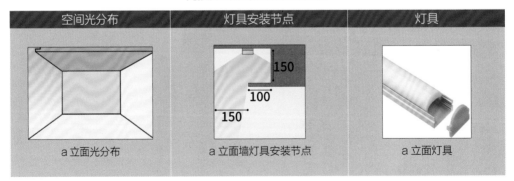

空间光分布	灯具安装节点	灯具
a立面光分布	a立面墙灯具安装节点	a立面灯具

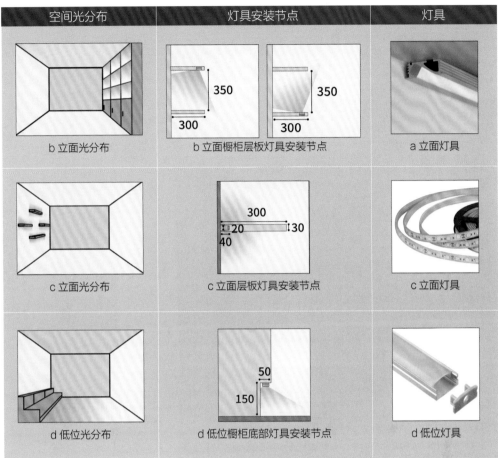

空间光分布	灯具安装节点	灯具
b 立面光分布	b 立面橱柜层板灯具安装节点	a 立面灯具
c 立面光分布	c 立面层板灯具安装节点	c 立面灯具
d 低位光分布	d 低位橱柜底部灯具安装节点	d 低位灯具

间接照明在家居空间的应用实验 2

| 书房空间 |

直接方式

方案：基础照明 + 局部重点照明

● 展示效果

均匀饱满度 ★★★★★
立面视觉焦点 ★★★★
氛围层次感 ★★★

空间效果展示

● 灯光位置分布

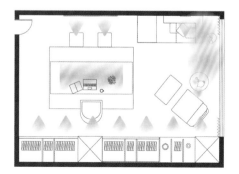

灯光分布图

间接方式

方案：间接照明 + 局部功能照明

🔵 展示效果

均匀饱满度 ★★★★
立面视觉焦点 ★★★★★
氛围层次感 ★★★★

空间效果展示

🔵 灯光位置分布

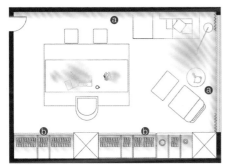

灯光分布图

间接方式方案照明设计要素

空间光分布	灯具安装节点	灯具
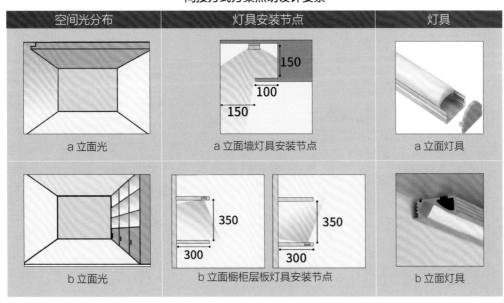		
a 立面光	a 立面墙灯具安装节点	a 立面灯具
b 立面光	b 立面橱柜层板灯具安装节点	b 立面灯具

老人卧室空间

直接方式

方案：基础照明 + 局部重点照明

● 展示效果

均匀饱满度 ★★★★★
立面视觉焦点 ★★★★
氛围层次感 ★★★

空间效果展示

● 灯光位置分布

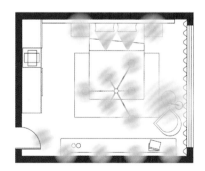

灯光分布图

间接方式

方案：间接照明 + 局部氛围照明

● 展示效果

均匀饱满度 ★★★★
立面视觉焦点 ★★★★
氛围层次感 ★★★★★

空间效果展示

● 灯光位置分布

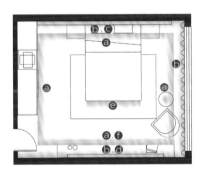

灯光分布图

间接方式方案照明设计要素

空间光分布	灯具安装节点	灯具
a 天花光分布	a 天花灯具安装节点	a 天花灯具

全景光设计　间接照明设计全书

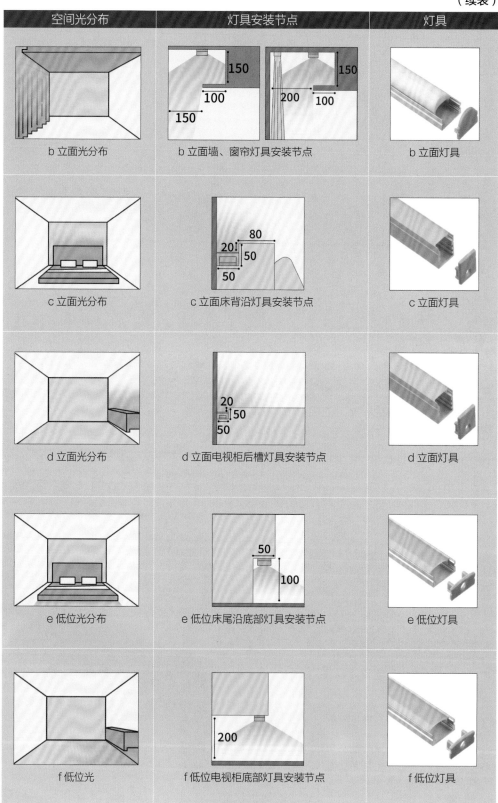

空间光分布	灯具安装节点	灯具
b 立面光分布	b 立面墙、窗帘灯具安装节点	b 立面灯具
c 立面光分布	c 立面床背沿灯具安装节点	c 立面灯具
d 立面光分布	d 立面电视柜后槽灯具安装节点	d 立面灯具
e 低位光分布	e 低位床尾沿底部灯具安装节点	e 低位灯具
f 低位光	f 低位电视柜底部灯具安装节点	f 低位灯具

| 儿童卧室空间 |

直接方式

方案：主灯氛围照明 + 局部功能照明

● **展示效果**

均匀饱满度 ★ ★ ★
立面视觉焦点 ★ ★ ★ ★
氛 围 层 次 感 ★ ★ ★ ★ ★

空间效果展示

● **灯光位置分布**

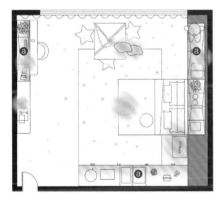

灯光分布图

直接方式方案照明设计要素

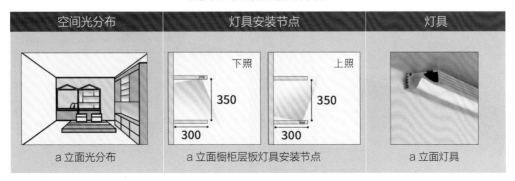

空间光分布	灯具安装节点		灯具
	下照 350 300	上照 350 300	
a 立面光分布	a 立面橱柜层板灯具安装节点		a 立面灯具

间接方式

方案：间接照明 + 局部功能照明

💡 展示效果

均匀饱满度 ★★★★
立面视觉焦点 ★★★★
氛围层次感 ★★★★★

空间效果展示

💡 灯光位置分布

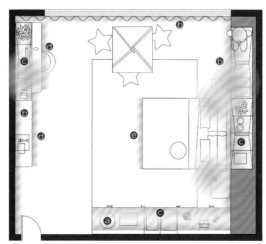

灯光分布图

间接方式方案照明设计要素

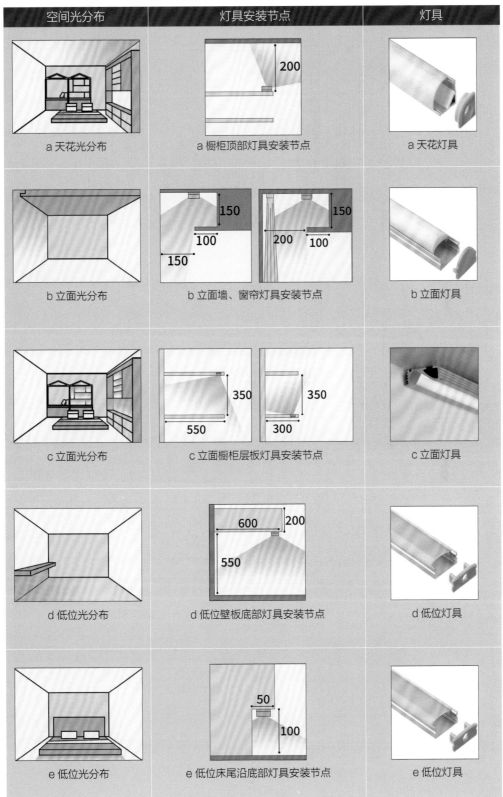

空间光分布	灯具安装节点	灯具
a 天花光分布	a 橱柜顶部灯具安装节点	a 天花灯具
b 立面光分布	b 立面墙、窗帘灯具安装节点	b 立面灯具
c 立面光分布	c 立面橱柜层板灯具安装节点	c 立面灯具
d 低位光分布	d 低位壁板底部灯具安装节点	d 低位灯具
e 低位光分布	e 低位床尾沿底部灯具安装节点	e 低位灯具

（本章图片来源：好光®）

间接照明
在天花照明设计中的
应用实验

本章针对室内空间常见的结构式泛光，对影响间接照明效果的各种因素进行对比实验，总结控制效果差异的方法，告诉读者如何避开照明设计雷区。

天花设计中的间接光的最主要用途是在空间中起到环境照明的作用。影响天花间接照明效果的因素有：①开口大小，②灯具安装位置，③结构进深，④幕板高度，⑤灯具配光，⑥光通量，⑦材料质感。

| 开口大小 |

开口大小是指结构板上沿与天花面的垂直距离，灯具一般放置在结构板上。

结构进深一般指结构板外沿垂直线到内墙间的水平距离。

幕板高度一般指垂直在结构板外沿处的幕板的垂直高度，幕板的作用是在视线范围内对灯具进行一定程度的遮挡，避免肉眼见到灯具。如果灯具位置安设合理，空间层高够高的话，也可以不设置幕板。

结构节点示意图

假定空间大小为宽 4000 mm，纵深 4000 mm，高 2800 mm，灯具高度为 30 mm。

实验 1　幕板高度：31 mm；配光类型：120° 上照

随着天花结构的开口尺寸逐渐增加，间接光在天花上的延展效果也越来越好。

光以漫射方式在天花面所形成的明暗退晕越自然，营造的空间视觉感受就越柔和。

开口大小：150 mm

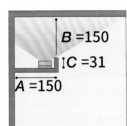

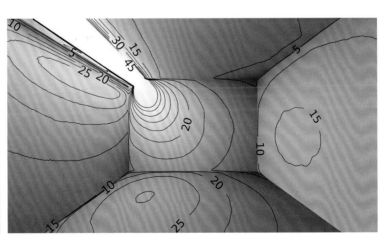

注：1. 本节线图为等照度线图。

　　2. 为不推荐的结构方式，✓为推荐的结构方式。

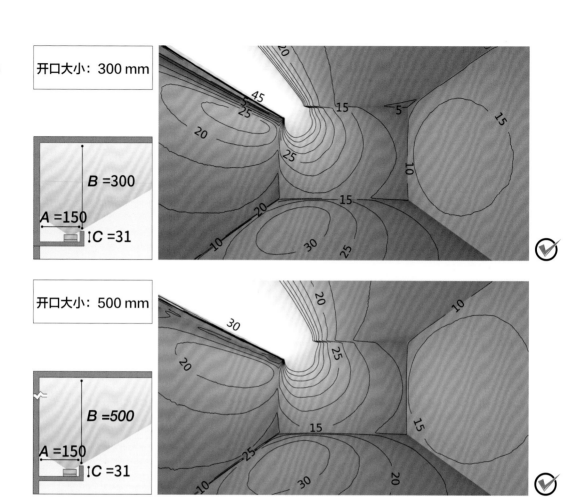

开口大小：300 mm

B =300
A =150
C =31

开口大小：500 mm

B =500
A =150
C =31

实验 2　幕板高度：31 mm；配光类型：偏光侧照

若灯具配光选择偏光侧照，那么天花上形成的光相比 120° 上照会洒得更远，明暗渐变也更自然且均匀。

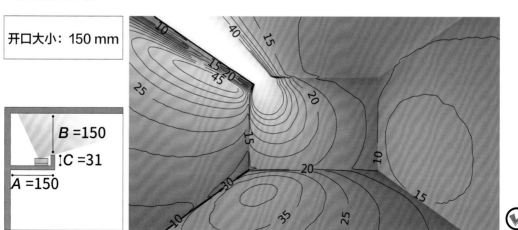

开口大小：150 mm

B =150
C =31
A =150

开口大小：300 mm

$B =300$
$A =150$
$C =31$

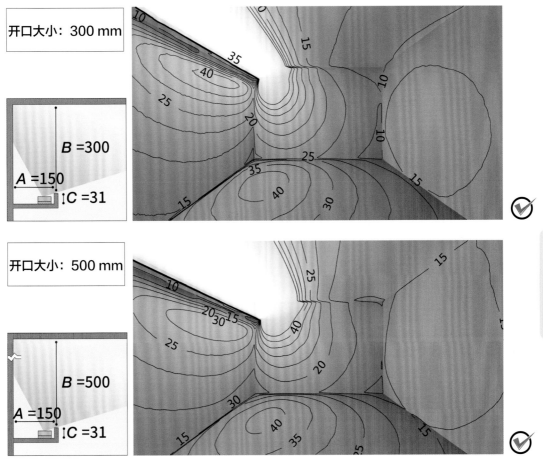

开口大小：500 mm

$B =500$
$A =150$
$C =31$

实验 3　幕板高度：0 mm；配光类型：120°上照

无幕板时，天花上形成的光不受阻挡，能洒得更远，空间效果也更佳。

开口大小：150 mm

$B =150$
$A =150$

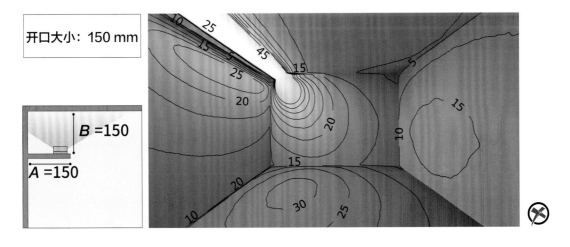

开口大小：300 mm

$B = 300$
$A = 150$

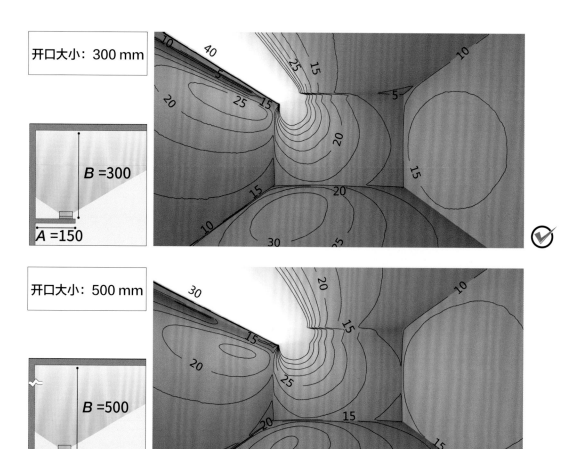

开口大小：500 mm

$B = 500$
$A = 150$

实验 4　幕板高度：0 mm；配光类型：偏光侧照

　　在无幕板基础上，若灯具配光选择偏光侧照，那么天花上形成的光相比 120° 上照会洒得更远，明暗渐变也更自然且均匀，空间环境显得更明亮。

开口大小：150 mm

$B = 150$
$A = 150$

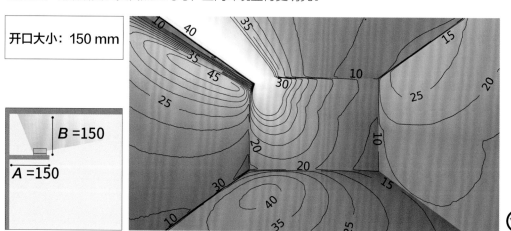

开口大小: 300 mm

$B = 300$

$A = 150$

开口大小: 500 mm

$B = 500$

$A = 150$

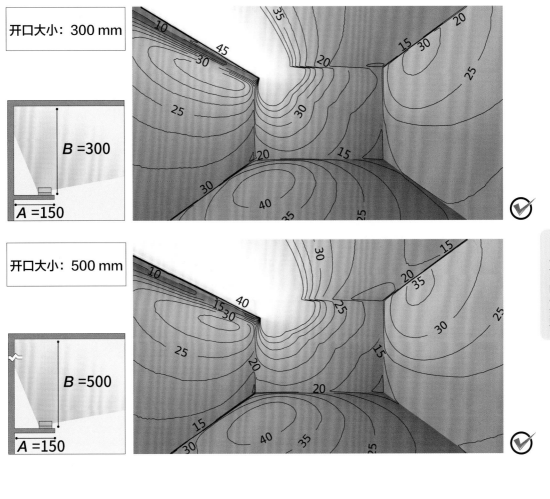

假定空间大小为宽 4000 mm，纵深 4000 mm，高 5500 mm，灯具高度为 30 mm。

实验 1　幕板高度: 31 mm；配光类型: 120° 上照

在层高较高的空间，随着天花结构的开口尺寸逐渐增加，间接光在天花上的延展效果也逐渐变好。光以漫射方式在天花面所形成的明暗退晕越自然，营造的空间视觉感受就越柔和。

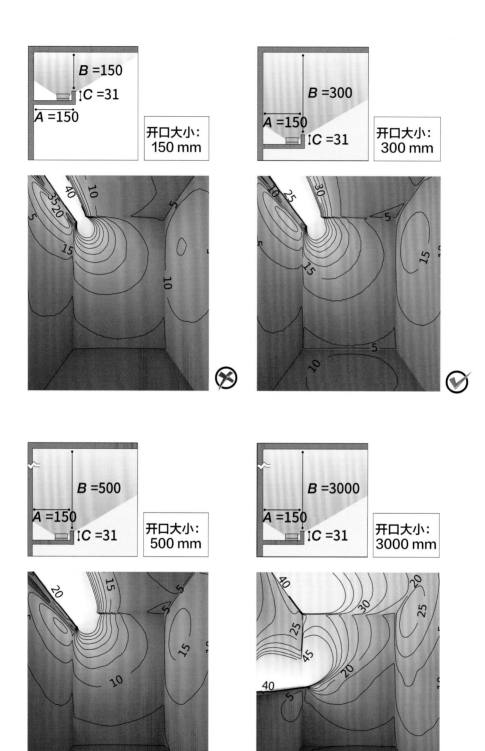

实验 2　幕板高度：0 mm；配光类型：偏光侧照

若灯具配光选择偏光侧照，并取消幕板，则天花上灯光的明暗渐变相对更自然且均匀，空间环境更明亮。需注意，若结构槽设置在低位，那么需加幕板进行一定的遮挡，避免肉眼直接见到光源。

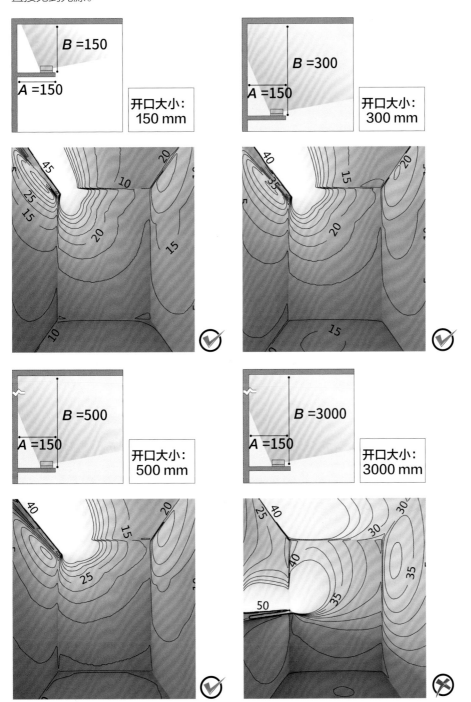

｜灯具安装位置｜

灯具一般安装在结构板上，安装位置会影响出光效果。

假定空间大小为宽 4000 mm，纵深 4000 mm，高 2800 mm，灯具高度为 30 mm。

实验 1　幕板高度：35 mm；配光类型：偏光侧照

灯具安设的位置应满足在常规视线范围内看不到光源。

灯具越接近结构外沿（越前置），天花上出光位置的局部光晕就越亮，在有幕板的情况下，由于阻挡的原因，容易在天花上形成明暗截止线。

灯具越接近内墙（越后置），天花上出光位置的局部退晕越自然，结构层板所形成的阻挡使光在对面墙上形成的明暗截止线也越明显，尤其是在无幕板的时候。

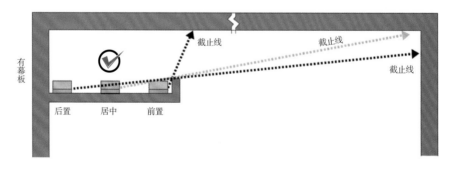

不同灯具安装位置的节点图（有幕板）

灯具前置

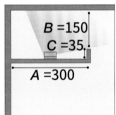

$C = 35$
$A = 300$

灯具居中

$B = 150$
$C = 35$
$A = 300$

灯具后置

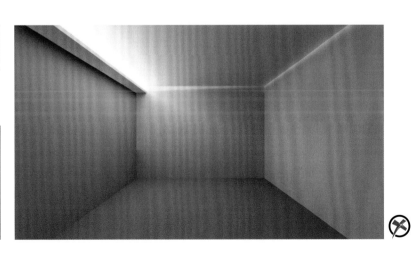

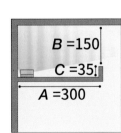

$B = 150$
$C = 35$
$A = 300$

结论：有幕板时，在居中位置安设灯具，天花光影效果较为理想。

实验 2　幕板高度：0 mm；配光类型：偏光侧照

选择偏光侧照的配光，取消幕板，能使光洒得更远，空间更明亮。

无幕板的情况下，灯具只要接近结构外沿（越前置），就不会在天花上形成明暗截止线。

灯具越接近内墙（越后置），结构层板所形成的阻挡使光在对面墙上形成的明暗截止线就越清晰，且比有幕板时更明显。

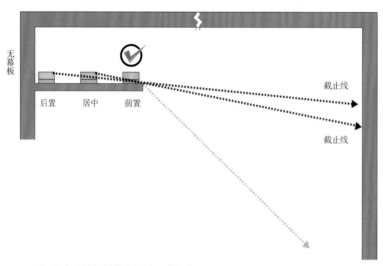

不同灯具安装位置的节点图（无幕板）

灯具前置

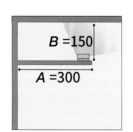

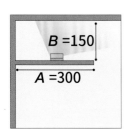

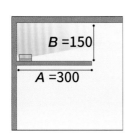

结论：无幕板时，在前置位置设置灯具，天花光影效果较为理想。

｜结构进深｜

进深一般指结构板外沿垂直线到内墙间的水平距离，结构进深也会影响出光效果。

假定空间大小为宽 4000 mm，纵深 4000 mm，高 2800 mm，灯具高度为 30 mm。

实验 1　幕板高度：35 mm；配光类型：偏光侧照 ，灯具居中放置

灯具安设的位置首先应满足不在视线范围内。

选择偏光侧照的配光能使光洒得更远些。

进深越小，相当于灯具越前置，天花上出光位置的局部光晕越亮。

进深越大，相当于灯具越后置，天花上出光位置的局部退晕相对越自然，结构层板所形成的阻挡使光在对面墙上形成的明暗截止线越明显。

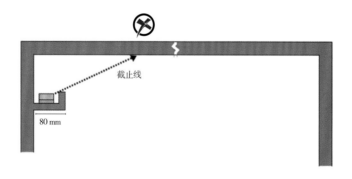

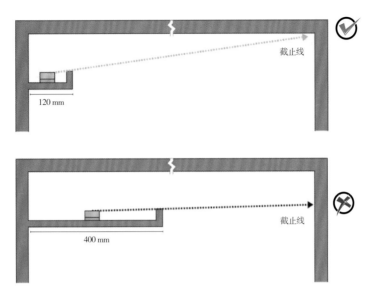

120 mm

截止线

400 mm

截止线

不同结构进深的节点图

结构进深：80 mm

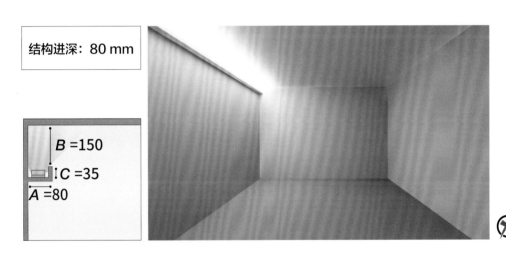

B =150

C =35

A =80

结构进深：100 mm

B =150

C =35

A =100

结构进深：120 mm

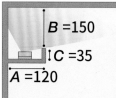

B =150
C =35
A =120

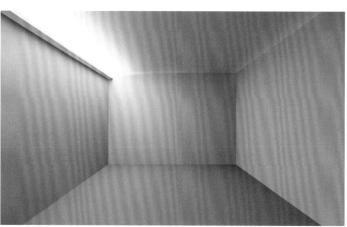

结构进深：150 mm

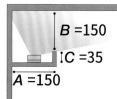

B =150
C =35
A =150

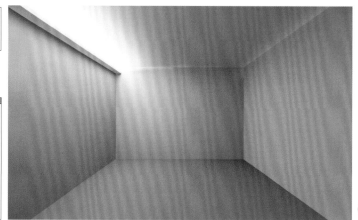

结构进深：200 mm

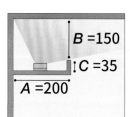

B =150
C =35
A =200

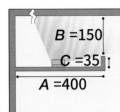

结构进深：400 mm

$B =150$
$C =35$
$A =400$

 结论：相对理想的结构进深为 100 ～ 200 mm，尽可能让截止线映射在对面墙角拼线处。如果层板下方安装筒射灯，则进深的大小也会影响层板下方筒射灯的离墙距离。

实验 2 幕板高度：0 mm；配光类型：偏光侧照，灯具居中放置

无幕板时，灯具偏光侧照形成的光不受阻挡，光的延展效果也更佳，空间更明亮。

进深越大，相当于灯具离出光口越远，结构层板所形成的阻挡，在对面墙上的截止线会比有幕板时越加明显。

相较有幕板时，随着进深增加，光在对面墙上形成的明暗截止线位置会向上移动，且更明显。

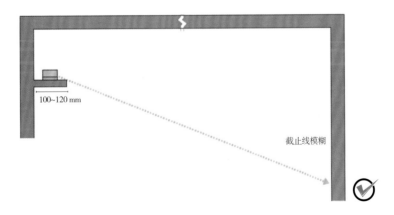

100~120 mm

截止线模糊

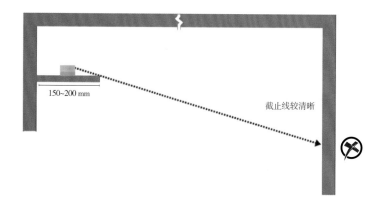

150~200 mm

截止线较清晰

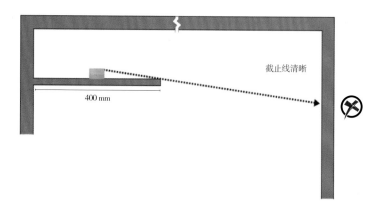

400 mm

截止线清晰

不同结构进深的灯具安装节点图

结构进深：80 mm

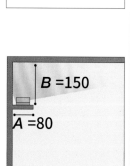

B =150

A =80

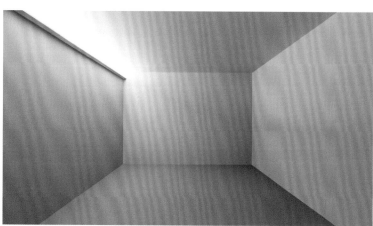

结构进深：100 mm

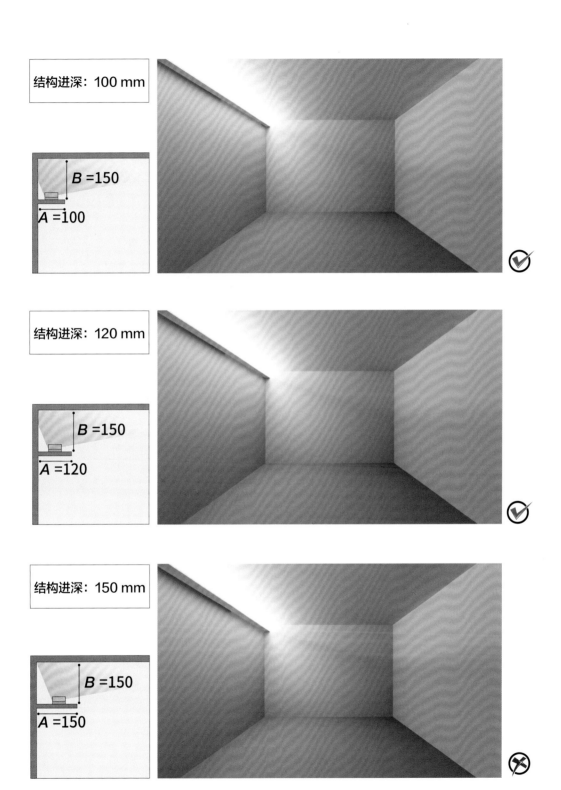

$B = 150$
$A = 100$

结构进深：120 mm

$B = 150$
$A = 120$

结构进深：150 mm

$B = 150$
$A = 150$

结构进深：200 mm

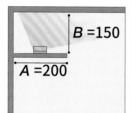

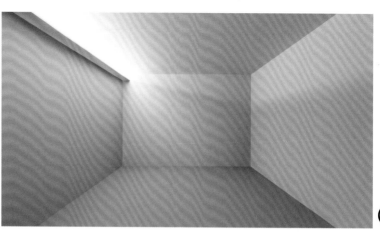

结构进深：400 mm

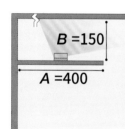

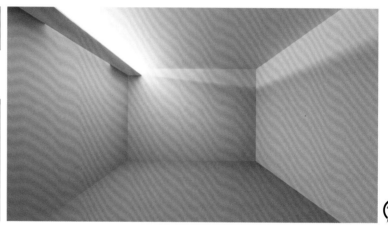

结论：相对理想的结构进深为 100 ～ 120 mm。

幕板高度

　　幕板一般垂直于结构板并与其外沿齐平，其作用是在视线范围内对灯具进行一定程度的遮挡，避免肉眼见到灯具。如果灯具位置安设合理，且空间层高够高的话，也可以不设置幕板。幕板高度也会影响出光效果。

　　假定空间大小为宽 1800 mm，纵深 4000 mm，高 2800 mm，灯具高度为 30 mm。

实验 1　开口大小：150 mm；配光类型：偏光侧照，灯具居中放置

在空间宽度较小的状况下，要注意幕板与灯具的高度关系。

幕板高度与灯具高度一致时，会因偏光和结构产生的阻挡，在对面墙上形成明暗截止线。

幕板略高于灯具时，尽可能让截止线映射在对面墙角拼线处，使墙面与天花过渡相对自然些。

幕板高于灯具较多时，天花处就会形成很明显的明暗截止线。

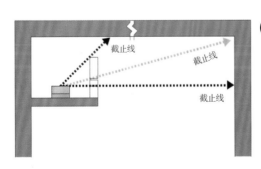

注：
1. 此处空间取极限宽度 1800 mm。
2. 幕板高度对出光效果有影响。

不同幕板高度节点图

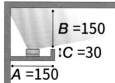

幕板高度：30 mm

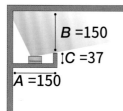

幕板高度：37 mm

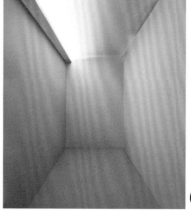

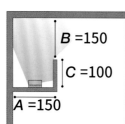

幕板高度：100 mm

实验 2 　配光类型：偏光侧照，灯具居中放置

在空间宽度较小的状况下，当开口尺寸不同时，我们需要考虑用不同幕板高度去匹配，尽可能使形成的截止线映射在对面墙角拼线处，让墙面与天花的明暗过渡相对自然些。

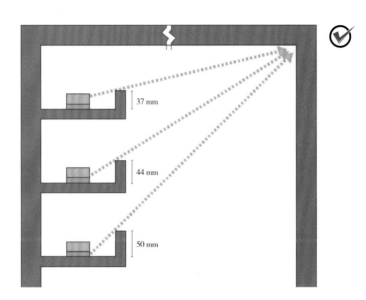

理想的开口大小和幕板高度的关系

注：

1. 此处空间宽度取极限宽度 1800 mm。

2. 灯具高度设定为 30 mm。

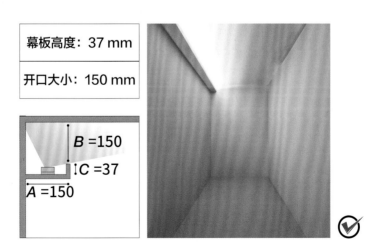

幕板高度：44 mm
开口大小：300 mm

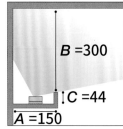

B =300
C =44
A =150

幕板高度：50 mm
开口大小：450 mm

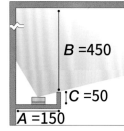

B =450
C =50
A =150

假定空间大小为宽 900 mm，纵深 4000 mm，高 2800 mm，灯具高度为 30 mm

实验 1　开口大小：150 mm；配光类型：偏光侧照，灯具居中放置

空间宽度越小，越要注意幕板高度的设置。

幕板高度与灯具高度一致，配光类型为偏光侧照时，会在天花板及侧面墙形成明暗截止线。

幕板略高于灯具时，尽可能让截止线映射在对面墙角拼线处，让墙面与天花过渡相对自然些。

幕板高于灯具较多时，天花处就会形成很明显的明暗截止线。

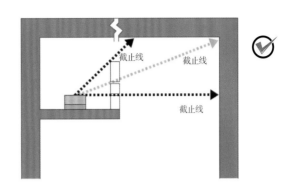

不同幕板高度的节点图

注：1. 此处空间宽度取极限宽度 900 mm。

2. 幕板高度影响出光效果。

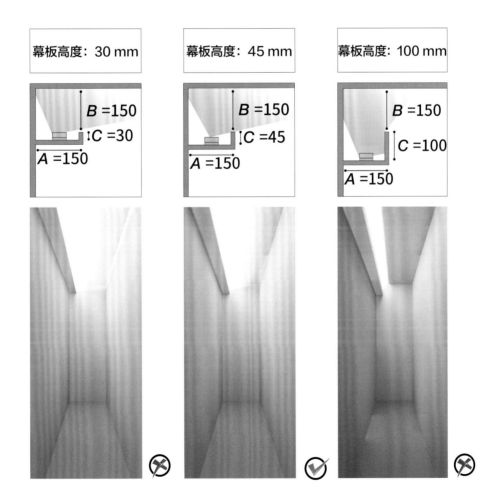

| 幕板高度：30 mm | 幕板高度：45 mm | 幕板高度：100 mm |

B =150 C =30 A =150

B =150 C =45 A =150

B =150 C =100 A =150

实验 2　配光类型：偏光侧照，灯具居中放置

在空间宽度较小的状况下，当开口尺寸不同时，我们需要考虑用不同高度幕板高度去匹配，尽可能使形成的截止线映射在对面墙角拼线处，让墙面与天花的明暗过渡相对自然些。

注：

1. 此处空间宽度取极限宽度 900 mm。
2. 灯具高度设定为 30 mm。

理想的开口大小和幕板高度的关系

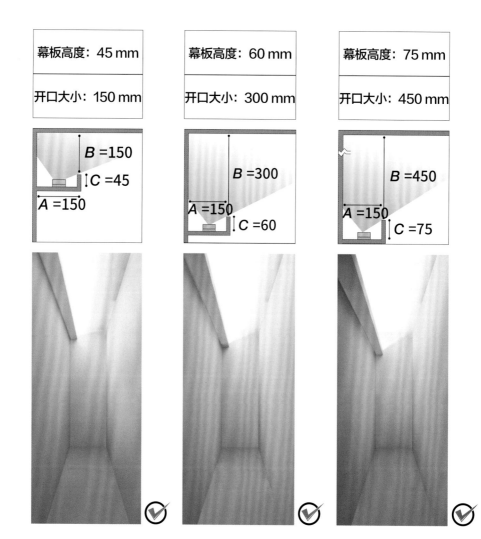

幕板高度：45 mm	幕板高度：60 mm	幕板高度：75 mm
开口大小：150 mm	开口大小：300 mm	开口大小：450 mm

｜材料质感｜

假定空间大小为宽 4000 mm，纵深 4000 mm，高 2800 mm，灯具高度为 30 mm。

**幕板高度：0 mm；开口大小：300 mm；结构进深：150 mm；
配光类型：偏光侧照**

材料表面的质感影响着光的反射，对视觉效果有很大影响：材料越光滑，反射率就越高，光线越强烈，越易造成眩光；反之，材料越粗糙，反射率就越低，光线就不易被反射回来。

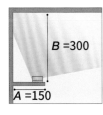

镜面质感

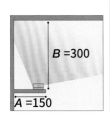

光泽质感

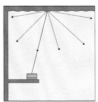

亚光质感

$B=300$

$A=150$

有纹理的材料能使光线更柔和地被扩散出来，同时也能表现出材料的肌理质感。

若采用擦墙的用光方式，对肌理的表现会更强烈。在后面关于立面的章节中会针对材料部分进行实验，并进行详细阐述。

肌理 1

$B=300$

$A=150$

肌理 2

$B=300$

$A=150$

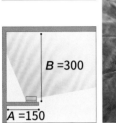

B =300

A =150

💡 **注意**

影响天花间接照明效果的其他因素——灯具配光和光通量

　　灯具配光是灯具在空间各个方向的光强分布，在本章第一节"开口大小"里，对120°
上照和偏光侧照这两种常用配光做了对比。

　　光通量是光源在所有方向上所发出的光的总量，使用光通量越高的灯具，空间越明亮。

天花间接照明的结构类型

不同天花间接照明结构的视觉效果

类型	视觉效果
天花吊顶结构	
当天花有高低差时，延伸进深板	
自立墙、家具一体式结构	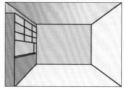

如何实现和直接照明相当的空间照度

假定空间大小为宽 4000 mm，纵深 4000 mm，高 2800 mm，间接光灯具高度为 30 mm。

　　通常情况下，间接照明对空间的照度影响低于高效的直接照明方式。以下两个空间分别使用光通量为 2000 lm 的间接照明和直接照明方式，通过对比我们发现，采用间接照明方式的空间的视觉效果往往偏暗些。

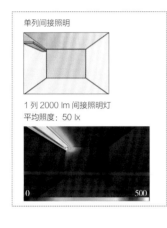

单列间接照明

1 列 2000 lm 间接照明灯
平均照度：50 lx

0　　　　　　　500

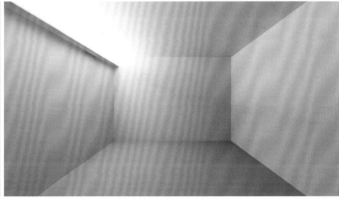

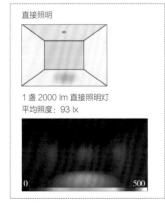

直接照明

1 盏 2000 lm 直接照明灯
平均照度：93 lx

0　　　　　　　500

那如何实现和直接照明方式相当的空间照度呢？

解决办法 1：采用单列间接照明的方式时，可通过提高灯具光通量来实现，不过这样出光位置的局部光晕会相对过曝一些。

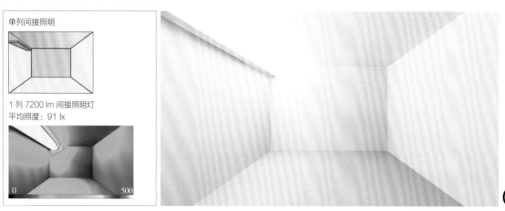

单列间接照明

1 列 7200 lm 间接照明灯
平均照度：91 lx

0　　　　　500

解决办法 2：可采用多方位间接照明的方式来均衡提高整体空间照度，营造更均质的光环境。

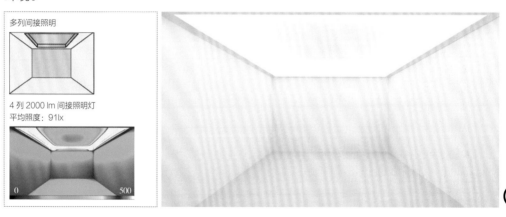

多列间接照明

4 列 2000 lm 间接照明灯
平均照度：91lx

0　　　　　500

解决办法 3：采用在间接照明基础上增加局部照明的方式来满足功能上的需求，营造柔和舒适且有视觉焦点的环境。

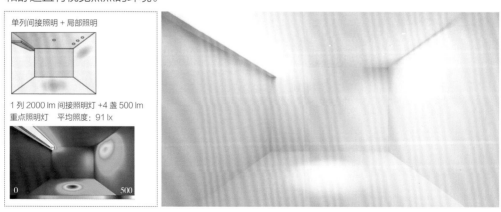

单列间接照明 + 局部照明

1 列 2000 lm 间接照明灯 +4 盏 500 lm
重点照明灯　平均照度：91 lx

0　　　　　500

天花间接照明结构设置的注意点

⊙ **结构板进深尺寸与门的关系**

　　若结构板与门垂直且相邻，则要注意结构板的宽度和安置高度，尽可能使结构板进深尺寸（即宽度）与门的宽度保持一致，让其在视觉上更有整体感。

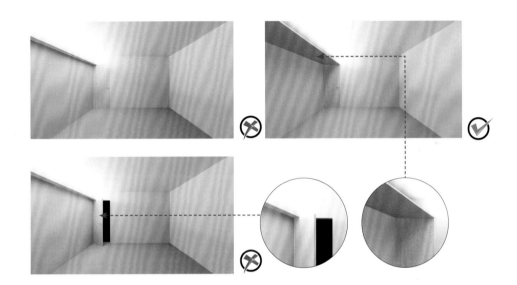

⊙ **结构板与明装窗帘杆的高低关系**

　　若结构板与窗帘垂直且相邻，则要注意结构板的安置位置与窗帘罗马杆的高低关系，尽可能将窗帘杆安装于结构板的下方，避免对间接光形成遮挡，产生阴影。当然，也可以选择暗槽式的窗帘盒。

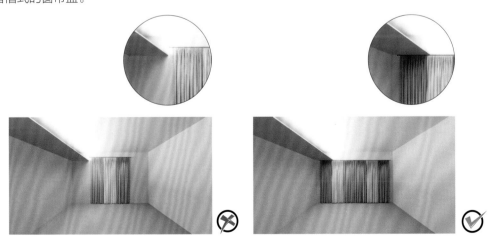

结构板与壁装空调的位置关系

不建议将空调机体安置在结构板下方,应尽可能使空调置于结构板的对面墙上。

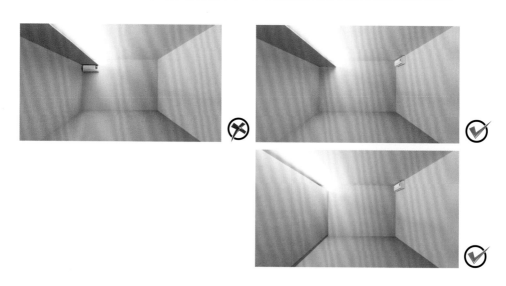

若空调与结构板的位置垂直且相邻,则空调机体位置不宜高于结构板开口的下沿线,以免对间接光形成遮挡,产生阴影。

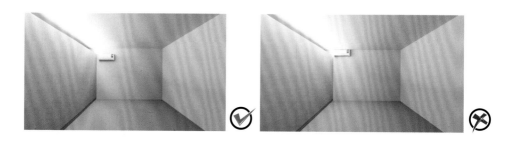

间接光的连续性

若用隐藏于暗槽中的线性光源,则建议采用组合型的一体化支架或连续灯带,确保出光的连续性和均匀一致性。

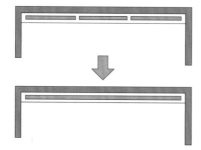

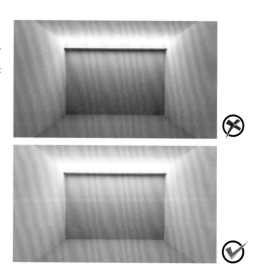

(本章图片来源:好光®)

间接照明
在立面照明设计中的
应用实验

立面设计的间接光最主要的用途是突显空间视觉焦点及墙面材质的质感。影响立面间接照明效果的因素有：①开口大小，②灯具安装位置，③灯具照射方向，④结构进深，⑤幕板尺寸，⑥灯具配光，⑦光通量，⑧材料，⑨色温。

｜开口大小｜

结构节点示意图

开口大小是指结构板外沿垂线与立面墙的水平距离。

幕板一般指结构板往立面墙方向水平延伸出的板，其作用是在视线范围内对灯具设置一定程度的遮挡，避免肉眼见到灯具。如果空间层高够高，灯具能够隐藏的话，可以不设置幕板。

结构进深一般指结构板上沿到天花的垂直距离。

假定空间大小为宽 4000 mm，纵深 4000 mm，高 2800 mm，灯具高度为30 mm。

实验　幕板长度：100 mm；结构进深：80 mm；配光类型：120°侧照

开口尺寸越大，灯具发出的光在墙面上的延展效果越佳，光以漫射方式在立面上所形成的明暗退晕也越自然。

不过开口尺寸不宜过大，以免在常规视线范围内肉眼见到灯具。

开口大小：150 mm

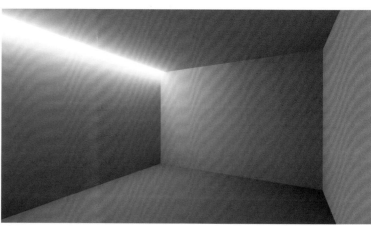

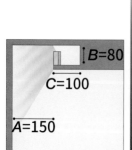

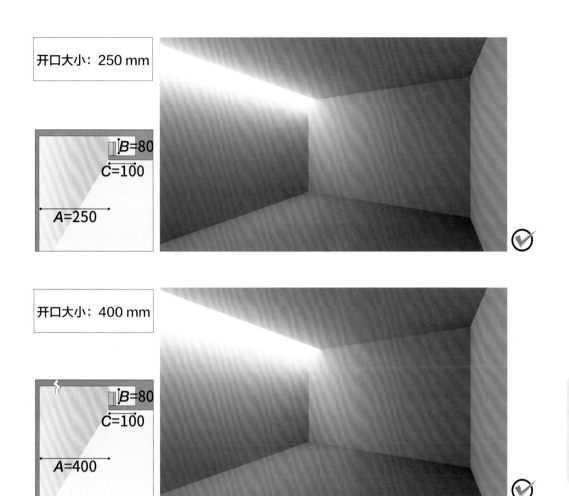

开口大小：250 mm

$B=80$
$C=100$
$A=250$

开口大小：400 mm

$B=80$
$C=100$
$A=400$

灯具安装位置

灯具安装位置指的是灯具与立面墙的距离，也影响着出光效果。

假定空间大小为宽 4000 mm，纵深 4000 mm，高 2800 mm，灯具高度为 30 mm。

实验　幕板长度：100 mm；开口大小：150 mm；结构进深：150 mm；配光类型：120°下照

幕板的作用是在视线范围内对灯具设置一定程度的遮挡，避免肉眼见到灯具。

灯具过于隐蔽时（后置），会因出光与结构产生的阻挡，在墙面形成明显的明暗截止线，光影不美观。

灯具过于靠近墙面时（前置），虽然墙面上光影效果相对理想，但肉眼容易看到光源，引起眩光。

理想自然的墙面过渡效果，需要使人能意识到遮光线的存在，应尽可能让截止线映射在墙角拼线处，这就需要考虑灯具和幕板的位置关系（见下图）。

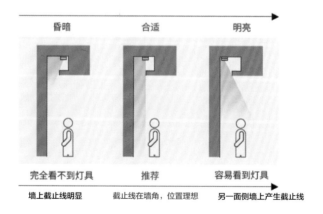

灯具隐蔽程度和墙面亮度的关系

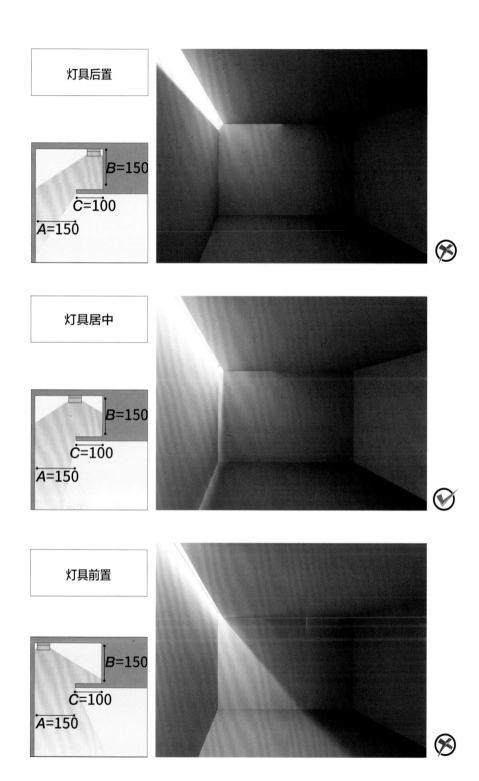

灯具后置

$B=150$
$C=100$
$A=150$

灯具居中

$B=150$
$C=100$
$A=150$

灯具前置

$B=150$
$C=100$
$A=150$

灯具照射方向

灯具照射方向影响着被照墙面的明暗，甚至空间的视觉效果。

> 假定空间大小为宽 4000 mm，纵深 4000 mm，高 2800 mm，灯具高度为 30 mm。

实验　开口大小：150 mm；配光类型：120°

灯具安设的位置首先应满足视线看不到。

灯具下照无幕板的方式，不仅突出墙面，而且对提升空间亮度有帮助，给人敞亮的印象。同时，由于是无挡板的直接下照，开口大小 A 可更进一步减少至 100 mm，这样既缩小了开口尺寸，又能避免看到光源，唯一不足的是侧墙上截止线较明显。

下照有幕板的方式，不易让人看到光源，且更突出墙面质感，对提升空间亮度的帮助有限。

下照方式相对易产生明暗截止线，只能通过适当调整安装位置来弱化。

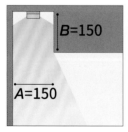

下照无幕板

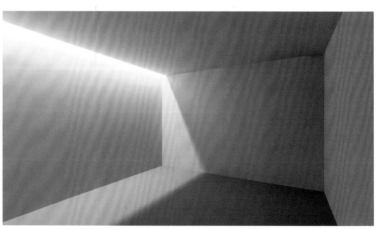

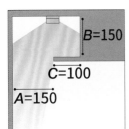

下照有幕板

灯具上照和侧照，都是通过结构的多次漫反射形成褪晕，在整体空间内营造柔和的视觉氛围。区别在于上照方式的光折损更多，所以视觉上显得更幽暗，侧照方式更节省进深高度，这样空间层高可以相对高一些。

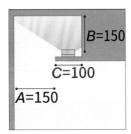

上照有幕板

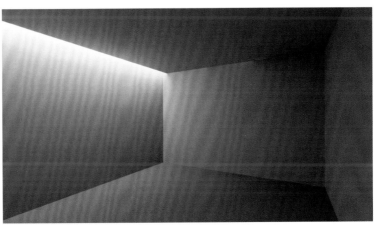

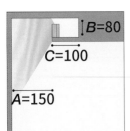

侧照有幕板

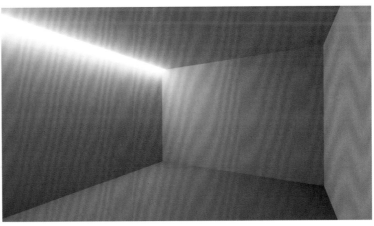

灯具配光

灯具配光是指灯具在空间各个方向的光强分布,它影响着墙面和空间的视觉效果。

假定空间大小为宽 4000 mm,纵深 4000 mm,高 2800 mm,灯具高度为 30 mm。

实验 1　开口大小: 150 mm;结构进深: 150 mm;幕板长度: 0 mm; 照射方向: 灯具下照

灯具若选择窄角配光15°×75°,相当于垂直方向上的光更贴合立面,犹如用光在擦墙,墙面上形成的褪晕会更有延展性,墙面整体灯光效果更均匀。

如果墙面材质有一些纹理,那么灯光也能突显墙面的质感。

配光类型: 120°

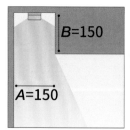

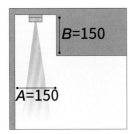

配光类型：
15° ×75°

B=150

A=150

实验 2　开口大小：150 mm；结构进深：150 mm；幕板长度：100 mm；
照射方向：灯具下照

增加幕板后，视线范围内更不易看到光源，侧墙截止线也不如无幕板时明显。

窄角配光 15° ×75° 的擦墙效果，使得整面墙的灯光效果更均匀。

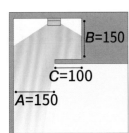

配光类型：120°

B=150

C=100

A=150

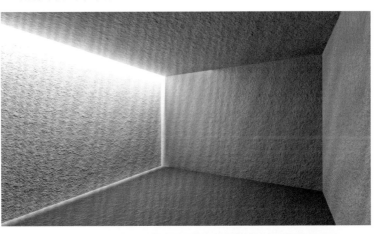

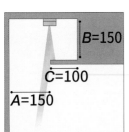

配光类型：
15° ×75°

B=150

C=100

A=150

4

间接照明在立面照明
设计中的应用实验

材料

材料色彩的明度是指色彩的明亮程度，由于材料反射光量的不同而产生明暗强弱，所以我们会看到颜色有深浅。

假定空间大小为宽 4000 mm；纵深 4000 mm；高 2800 mm；灯具高度为 30 mm。

实验1　开口大小：150 mm；结构进深：150 mm；幕板长度：100 mm；配光类型：120°下照

在同样的用光手法和强度下，浅色材料比深色材料的光反射率更高，视觉感受更亮些。

在进行灯光设计时，也要考虑到材料本身颜色的因素，因为材料明度会影响空间整体呈现的明亮感。

浅咖

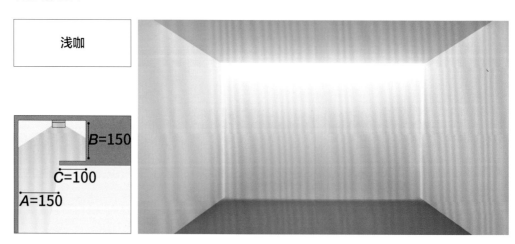

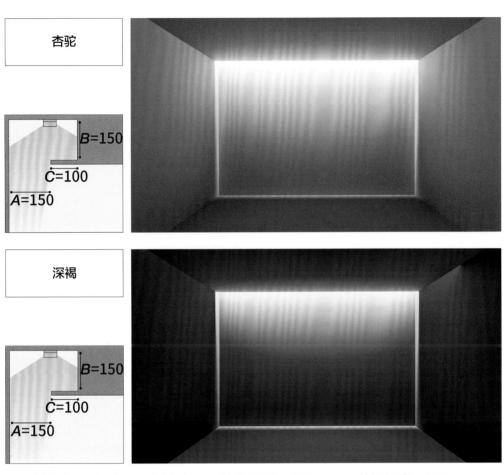

杏驼	

B=150
C=100
A=150

深褐	

B=150
C=100
A=150

实验 2　开口大小：150 mm；结构进深：150 mm；幕板长度：100 mm；配光类型：120°下照

不同色彩会传达出不同的空间情绪。空间情绪是活泼还是沉稳，是充满希望还是阴郁，取决于材料颜色和光的运用。

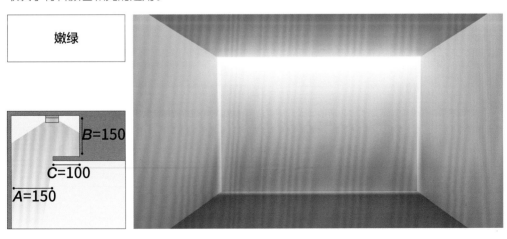

嫩绿	

B=150
C=100
A=150

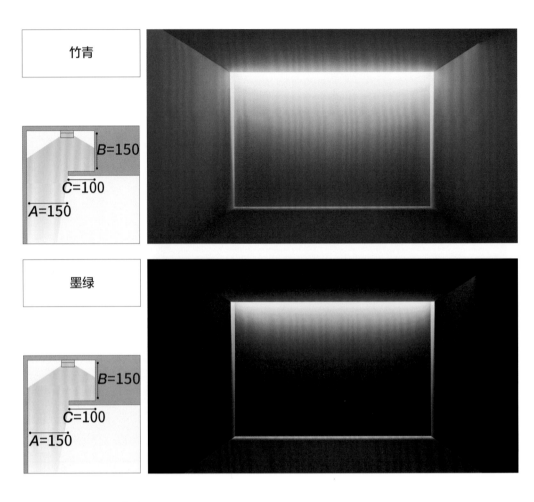

竹青

B=150
C=100
A=150

墨绿

B=150
C=100
A=150

实验 3　配光类型：120°下照

质感粗糙、偏亚光的材料和光接触后产生的视觉效果要比质感光滑、抛光材料更柔和、均匀一些。

使用反射率较高的抛光材料时，应避免用光直射或者灯具离墙过近，因为这样易产生刺眼的高光。应尽可能让曝光映射部分隐藏在暗槽里。

注意

材料的光反射率

材料的光反射率是指被材料反射的光的辐射能量占总辐射能量的百分比，它取决于材料表面的属性。反射率影响着材料的视觉效果。

抛光质感	中性质感	亚光质感

抛光质感	中性质感	亚光质感

实验 4　开口大小：150 mm；结构进深：150 mm；幕板长度：100 mm；
**　　　　配光类型：120°下照**

下面是几种常用材料在间接光下的视觉感受。

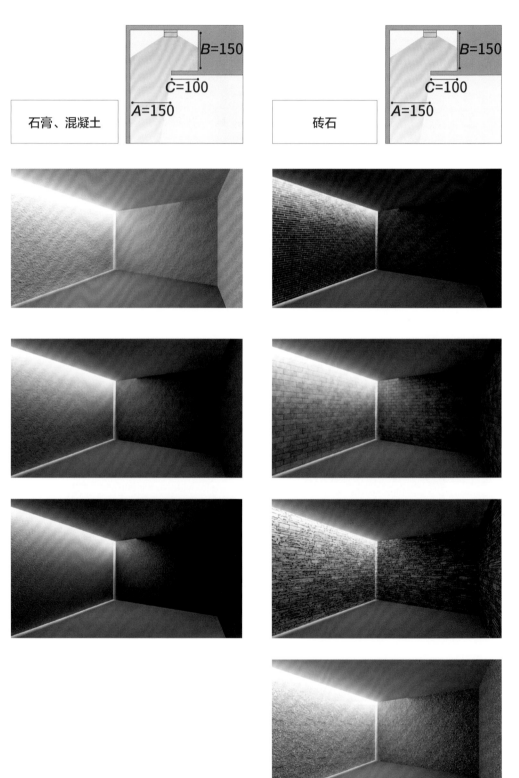

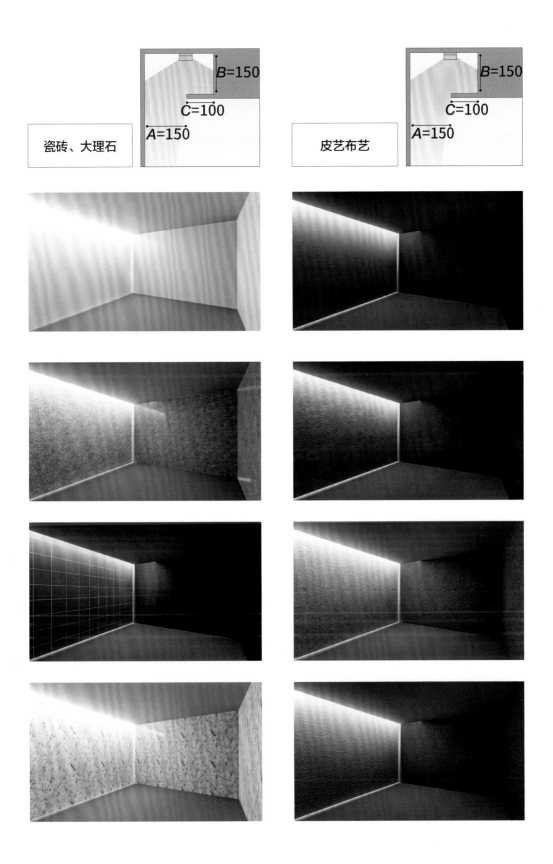

瓷砖、大理石

皮艺布艺

B=150

C=100

A=150

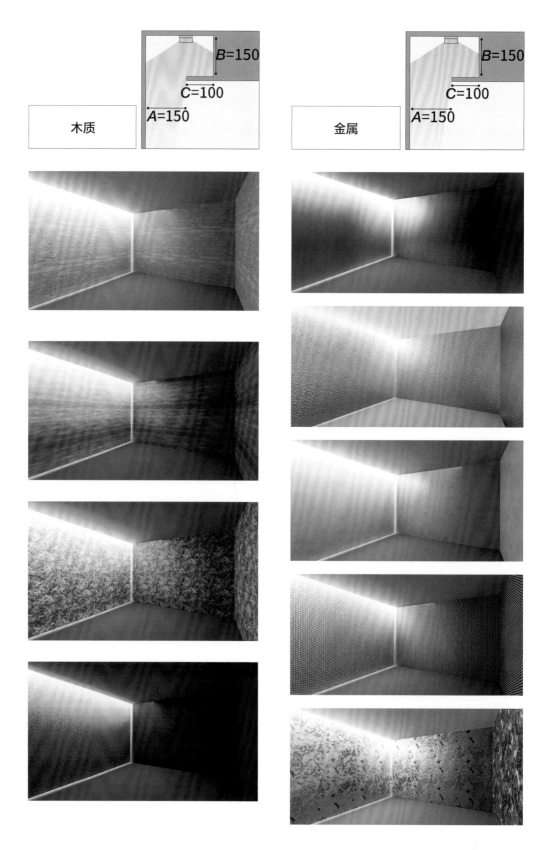

木质

金属

$B=150$

$C=100$

$A=150$

实验5　开口大小：150 mm；结构进深：150 mm；幕板长度：100 mm；
配光类型：120°下照

　　材料的肌理包罗万象，质地、纹理、色泽及组织结构，在不同用光手法下，带给观者的视觉感受不同。不同的肌理运用，也使观者产生不同的心理感受：厚重或轻透感，颗粒或平滑感，以及冷暖感、软硬感等。

　　若想突显墙面的质感和肌理，则建议采用擦墙的用光方式。

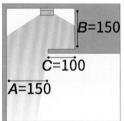

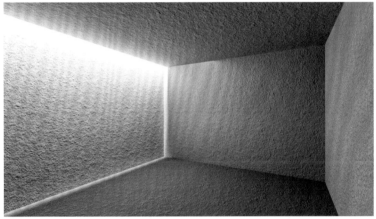

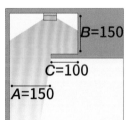

💡 **注意**

材料的肌理

　　材料的肌理是指材料表面的质地、纹理、色泽及组织结构，是表现材料视觉特征的重要因素。

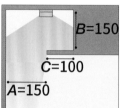

砖块纹理

B=150

C=100

A=150

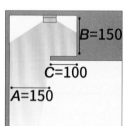

石块纹理

B=150

C=100

A=150

注意

影响立面间接照明效果的其他因素——结构进深、幕板长度和光通量

结构进深对整体出光的效果影响较少，只与视线范围内光源是否暴露有一定的关系。

幕板的作用是对灯具有一定程度的遮挡，避免肉眼见到灯具。在某种程度上幕板长度和灯具安装位置对间接照明的效果的影响很相近，所以不再对其展开实验。

光通量高的灯具所在空间更明亮，在本章也不再对其做展开实验。

｜色温｜

色温与光的冷暖有关。色温越低，光色越暖；色温越高，光色越冷。
下面是不同材料在不同色温的光照下给人的视觉感受。

实验　配光类型：120°下照

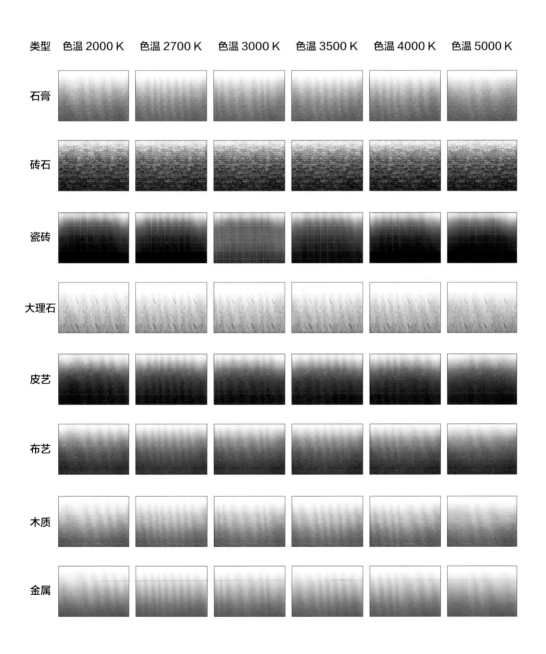

类型	色温 2000 K	色温 2700 K	色温 3000 K	色温 3500 K	色温 4000 K	色温 5000 K
石膏						
砖石						
瓷砖						
大理石						
皮艺						
布艺						
木质						
金属						

| 立面间接照明的结构类型 |

不同立面间接照明结构产生的视觉效果

类型	视觉效果	特点	应用场景
天花吊顶和地板的留槽结构		横向擦墙，照射范围大	吊顶或地板
自立墙结构		纵向擦墙，照射范围小	自立墙体
家具一体式结构		进深窄，照射范围小	沙发背沿、床背沿、电视柜后槽、镜子后槽、挂壁式电视机后槽
家具一体式橱柜层板结构和嵌入式壁龛结构		进深宽，照射范围大	橱柜、壁龛、书柜、层板

立面间接照明结构设置的注意点

灯具光源与视线的关系

可能见到光源的几种情况：

①越靠近暗槽，越容易看见光源。

②天花吊顶结构越高，越容易看见光源。

③视线越低，越容易看见光源。

④吊顶结构的进深（高度 B）越浅，越容易看见光源。

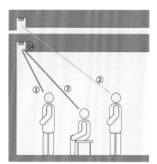

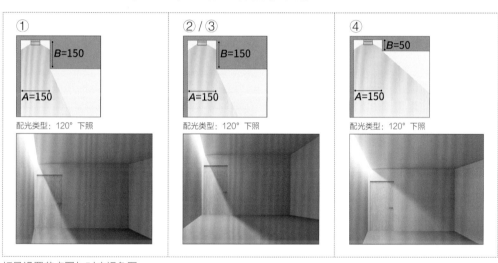

灯具设置节点图与对应视角图

场景案例

场景1　垂直暗槽

存在的问题：若立面的间接照明结构与门的位置垂直且相邻，则进门时可能会看到灯具。门在开关时，也会在墙面形成动态阴影。

解决的方法：可通过增加幕板、减小吊顶结构开口大小，或通过增加吊顶结构进深、调整灯具位置等方式避免看到光源。

场景 2　纵向暗槽

存在的问题：在纵向间接照明结构下，在与结构进深平行的动线上容易见到灯具。

配光类型：120° 外照

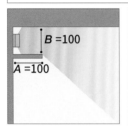

解决的方法 1：可增加幕板遮挡视线，这样看不到光源，只能看到光晕。

配光类型：
120° 外照

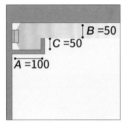

解决的方法 2：使灯具的光线往结构内部照射或选择向内偏光的灯具。

配光类型：
偏光内照

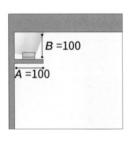

场景 3　水平暗槽

存在的问题：若门所在的墙与立面的间接照明结构在一个面上，则进门时，暗槽内的灯具容易被看到。

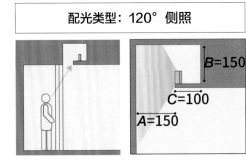

配光类型：120° 侧照

$B=150$
$C=100$
$A=150$

解决的方法：可以通过调整幕板尺寸或灯具位置形成视线遮挡，还可以在入口所在墙上设置门栏遮挡视线。

配光类型：120° 侧照

$B=150$
$C=100$
$A=150$

场景 4　L 形空间转角

存在的问题：L 形空间的间接照明结构，虽然通常状态下灯具不易被看到，但在动线的特殊位置尤其是转角处，灯具还是容易被看到。

$B=80$
$C=50$
$A=150$

配光类型：120° 侧照

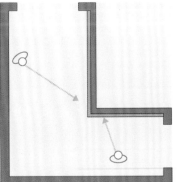

解决的方法:
采用调整结构进
深、灯具位置、
灯具安置方向或
增加幕板的方式
来进行视线遮挡。

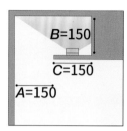

配光类型:
120° 居中上照

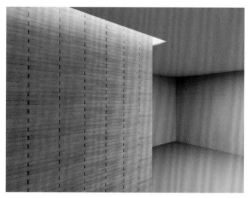

结构的开口大小与出光区域亮度的关系

存在的问题:结构的开口(尺
寸A)过小,导致照射距离太近,
立面出光区域容易亮度过高,褪
晕也会相对不理想。

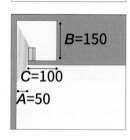

解决的方法:使开口保持一
定的宽度,注意开口不宜过大,
以避免光源暴露。

配光类型:
120° 侧照

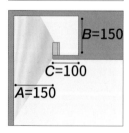

5

间接照明
在低位照明设计中的
应用实验

在低位设计中，间接光最主要的用途是结合家具或台阶、地板结构，起到安全引导、烘托氛围和丰富视觉层次的作用。影响低位间接照明效果的因素有：①开口大小，②幕板尺寸，③灯具安装位置，④灯具照射方向，⑤结构进深，⑥灯具配光，⑦光通量。

｜灯具安装位置｜

开口大小在这里是指橱柜最低处水平线与地面之间的垂直距离。幕板高度一般指由橱柜底部往地面方向垂直延伸出的尺寸。结构进深在这里指橱柜外沿到墙面的距离。

> 假定空间大小为宽 1800 mm，纵深 2000 mm，高 2800 mm，灯具高度为 10 mm。

实验　幕板高度：50 mm；结构进深：600 mm；开口大小：150 mm；配光类型：120° 下照

灯具安装位置越接近橱柜外沿（越前置），幕板就越容易形成遮挡，从而在地面上形成明暗截止线；无幕板时，由于空间较窄，截止线可能会出现在对墙墙角处。

截止线应尽可能映射在墙角拼线处，使墙面与地面光影的视觉过渡相对自然些。

若灯具安装位置接近墙面（后置），则虽然地面可见区域的明暗褪晕相对自然，但因层板的阻挡，容易在对面墙面上形成明暗截止线。

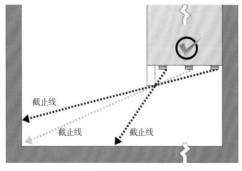

灯具安装位置节点图

注：
1. 此处空间取极限宽度 1800 mm。
2. 灯具高度设定为 10 mm。

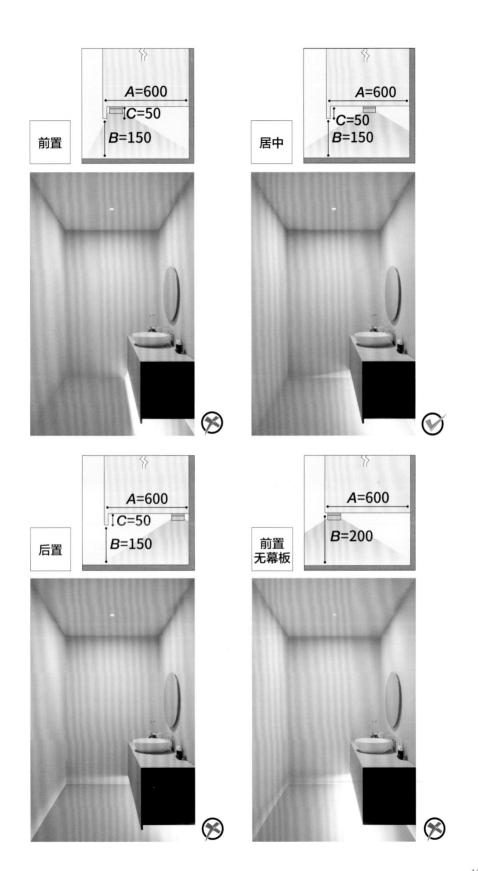

全
景
光
设
计

间
接
照
明
设
计
全
书

| 幕板高度 |

　　幕板一般指由橱柜底部往地面方向垂直延伸出的板，其作用是在视线范围内对照明灯具进行一定程度的遮挡，避免肉眼见到灯具。不过一般橱柜低位已足够隐藏照明灯具，在足够宽的空间里，不用考虑是否会在墙上形成明暗截止线，可不设置幕板。

- -

　　　　假定空间大小为宽 1800 mm，进深 2000 mm，高 2800 mm，灯具高度为 10 mm。

实验　结构进深：600 mm；配光类型：120°下照；灯具居中放置

　　在空间宽度有限的状况下，要注意幕板与灯具的高度关系。

　　幕板高度与灯具高度一致时，会因出光和结构产生的阻挡，在对面墙上形成明暗截止线。

　　幕板略高于灯具时，应尽可能使截止线映射在对面墙角拼线处，这样墙面和地面光影的视觉过渡相对自然些。

　　幕板高于灯具较多时，会在地面上形成很明显的明暗截止线。

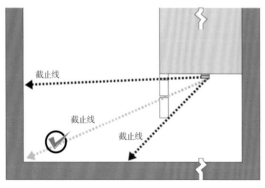

注：1. 此处空间宽度取极限宽度 1800 mm。
　　2. 器具高度设定为 10 mm。

灯具高度与幕板高度的关系

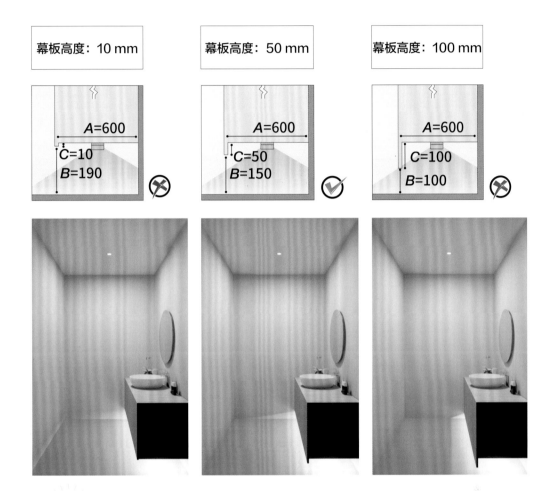

| 幕板高度：10 mm | 幕板高度：50 mm | 幕板高度：100 mm |

$A=600$
$C=10$
$B=190$

$A=600$
$C=50$
$B=150$

$A=600$
$C=100$
$B=100$

注意

①低位间接照明的结构在某种程度上是天花间接照明结构的水平镜像。因此，影响低位间接照明效果的因素和影响天花间接照明效果的因素类似，还包括开口大小、灯具照射方向、结构进深、灯具配光和光通量。但低位间接光最主要的目的是烘托氛围和安全引导，所以，在照明设计时不用过多考虑对环境照明的影响。

②灯具配光选择最常见的120°下照就好，而偏光让地面更明亮或光线均匀的意义不是太大。

③不建议使用光通量过高的灯具，以免对地面产生过度曝光。

④开口大小在应用场景里一般是指橱柜低位灯具安装位离地的距离，不宜过近以免造成地面映射，一般控制在150 ~ 200 mm。

⑤控制灯具照射方向的主要目的也是避免地面映射，视觉效果和地面材料也相关，在后面的实际结构设置中会详细说明。

⑥结构进深在应用场景里一般是指橱柜外沿到墙的宽度（橱柜深度），对低位照明主要营造的效果影响不太大。在某种程度上说和灯具安装位置的原理接近。

所以，以上几个影响因素在本章都不做针对性展开实验。

| 低位间接照明的结构类型 |

全景光设计 间接照明设计全书

不同低位间接照明结构产生的视觉效果

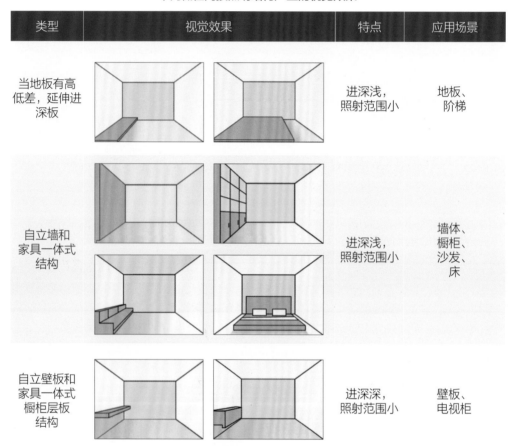

类型	视觉效果		特点	应用场景
当地板有高低差，延伸进深板			进深浅，照射范围小	地板、阶梯
自立墙和家具一体式结构			进深浅，照射范围小	墙体、橱柜、沙发、床
自立壁板和家具一体式橱柜层板结构			进深深，照射范围小	壁板、电视柜

低位间接照明结构设置的注意点

地面材料

存在的问题：抛光材质的反射率高，容易在地面上产生光反射，引起视觉不适。

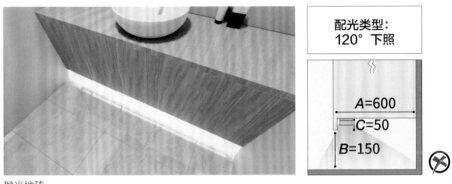

抛光地砖

解决的方法：地面尽量选择反射率较低的亚光材质，避免光源倒影太过强烈，但这样只能缓解部分视觉不适，还是会存在反射过度的现象。

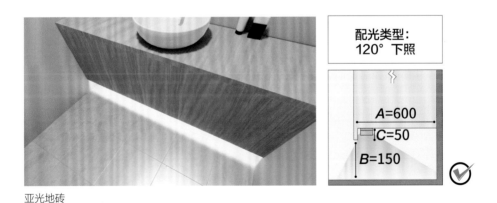

亚光地砖

灯具安装位置

存在的问题：即使选择亚光材质的地砖，由于光线太过强烈，地面上也会形成局部区域亮度过高。

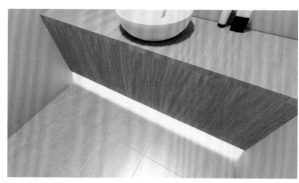

亚光地砖

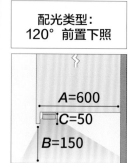

配光类型：
120° 前置下照

$A=600$

$C=50$

$B=150$

解决的方法：将灯具位置由前置调整为居中，使得地面可见区域反射出的光晕相对均匀些。

亚光地砖

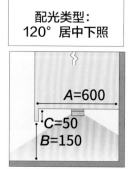

配光类型：
120° 居中下照

$A=600$

$C=50$

$B=150$

灯具照射方向

案例1

存在的问题：若已经选择了抛光地砖，且可见区域光的映射现象很明显，那么有什么办法减轻局部区域亮度过高的问题呢？

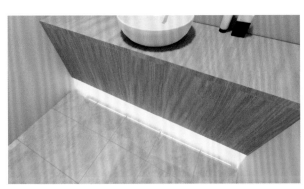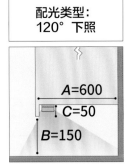

抛光地砖

解决的方法：为减弱映射现象，可将灯具照射方向由向下调整为侧装向内墙方向，或选择向内偏光的灯具。这样就削弱了直接下照的光，营造多次漫反射、弱化地面局部过亮的视觉效果。

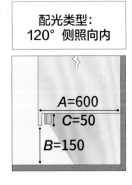

抛光地砖

案例 2

存在的问题：层板安置在较高位置时，光源壁装向外的方式会导致局部区域过亮，引起视觉不适。

配光类型：
120° 侧照向外

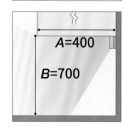

$A=400$

$B=700$

解决的方法：将灯具由往外照射的壁装形式调整为向内墙或向下的照射形式，让光经内墙漫反射后形成更均质的光。在某种程度上，选择灯具安设位置与选择灯具配光的目的是一样的。

配光类型：
120° 居中下照

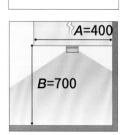

$A=400$

$B=700$

间接光的连续性

　　间接照明的光源不宜与地面过近，以免在地面形成强烈的光反射。一般建议距离控制在 150 ～ 200 mm。

　　存在的问题：当玄关柜子腾空在有高低差的地面上时，连续的间接光在离地面较近的区域会造成局部区域偏亮，形成整体不均匀的视觉效果。

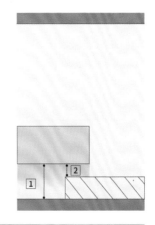

配光类型：120° 下照

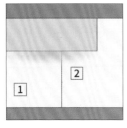 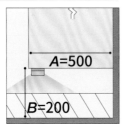 

　　解决的方法：只在一种段面上设置间接照明光源，一般取较长的那部分，让间接光在整体视野中占主要位置，"两害相权取其轻"。

配光类型：120° 下照

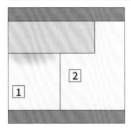 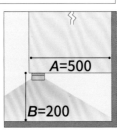 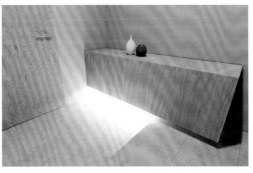

（本章图片来源：好光®）

间接照明
与家具一体式的应用实验

家具有时也巧妙充当着间接照明结构的角色，光与家具的结合，能烘托空间氛围，突显视觉焦点，丰富视觉层次。家具间接照明的结构类型，常见的有以下3种：①家具立面间接照明，②家具顶部间接照明，③家具低位间接照明。

家具立面间接照明

家具立面间接照明的结构类型

家具立面间接照明产生的视觉效果

类型	视觉效果		特点	应用场景
进深窄的家具			照射范围小，以氛围为主	沙发背沿、床背沿、电视柜后槽、镜子后槽、挂壁式电视机后槽
进深宽的家具			照射范围大，以功能为主	橱柜、壁龛、书柜、层板

进深窄的家具

这类家具背沿光晕通常起到烘托背景氛围的作用，可以突显空间视觉焦点，丰富视觉层次。

◉ 沙发背沿

空间效果展示

沙发背沿照明设计要素

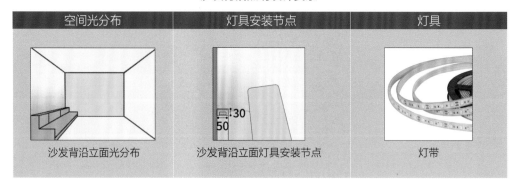

空间光分布	灯具安装节点	灯具
沙发背沿立面光分布	沙发背沿立面灯具安装节点	灯带

床头背沿

空间效果展示

床头背沿照明设计要素

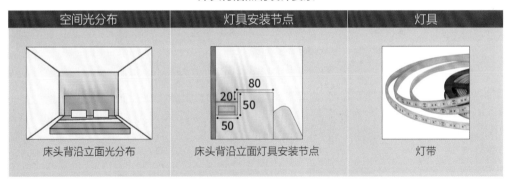

空间光分布	灯具安装节点	灯具
床头背沿立面光分布	床头背沿立面灯具安装节点	灯带

注意

可采用亚克力遮光罩避免产生眩光。

电视柜背沿

空间效果展示

电视柜背沿照明设计要素

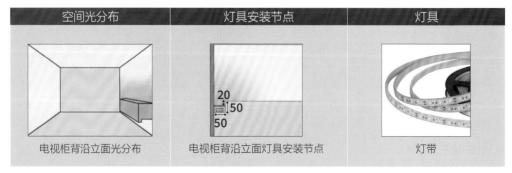

空间光分布	灯具安装节点	灯具
电视柜背沿立面光分布	电视柜背沿立面灯具安装节点	灯带

注意

家具立面间接照明不仅能起到烘托背景氛围的作用，在光线较暗的场景下，还能保持一定的亮度平衡，使视觉相对不易疲劳。不过需要注意的是，因为家具立面间接光大多处于视线的中低位，如电视柜背沿、床背沿、沙发背沿等，所以很容易被人看到光源，引起不适。可以通过以下两种方法解决：

方法一：在结构槽上方增加亚克力遮光罩，弱化灯具发光表面的光线强度。

方法二：结构槽面可适当低于家具平面，这样发光面在常规视线范围内有一定的遮挡。

方法一

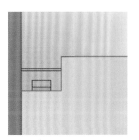
方法二

● 镜子后槽

空间效果展示

镜子后槽照明设计要素

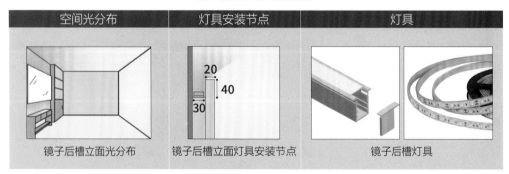

空间光分布	灯具安装节点	灯具
镜子后槽立面光分布	镜子后槽立面灯具安装节点	镜子后槽灯具

在一个空间场景中，不同间接光对视觉效果的影响是不同的。有些提供环境照明，有些烘托视觉氛围，有些提供梳妆局部功能性照明。

立面擦墙光

立面擦墙光

镜后槽立面光

立面擦墙光

镜后槽立面光

镜前灯立面光

进深宽的家具

橱柜层板类间接光有局部照明功能。光源装在层板外沿，照射范围大，对立面和平面都有照明贡献，也提升了视觉层次感，突显了空间视觉焦点。

空间效果展示

橱柜层板类家具照明设计要素

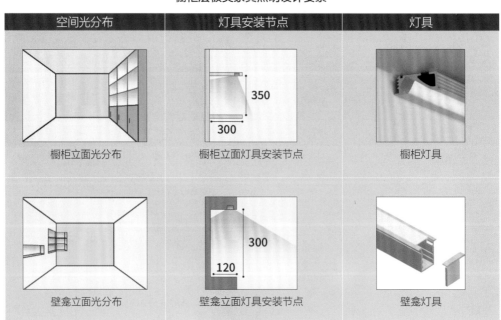

空间光分布	灯具安装节点	灯具
橱柜立面光分布	橱柜立面灯具安装节点	橱柜灯具
壁龛立面光分布	壁龛立面灯具安装节点	壁龛灯具

装饰层板类家具的照明以营造、烘托氛围为主。光源装在内沿，会在背景墙结构处微微晕染出幽静的光，能丰富视觉层次，同时突显空间视觉焦点。

空间效果展示

装饰层板类家具照明设计要素

空间光分布	灯具安装节点	灯具
装饰层板立面光分布	装饰层板立面灯具安装节点	灯带

空间效果展示

阳台层板家具照明设计要素

空间光分布	灯具安装节点	灯具
阳台层板立面光	阳台层板立面灯具安装节点	灯带

灯具安装位置对照明效果的影响

灯具的安装位置对家具层板柜的照明效果的影响是不同的。有些只提供剪影的氛围，有些以局部功能照明为主，有些通过所装饰的物品表面和背景的明暗比营造舒适的视觉体验。

案例 1

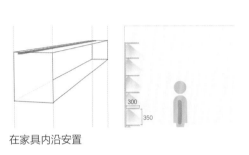

在家具内沿安置

内沿光多以营造氛围为主，强调物体剪影；玻璃属性的物体则有好的透光效果

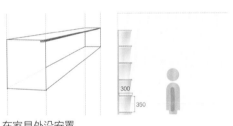

在家具外沿安置

外沿光多以局部功能照明为主，强调物体外立面，如书籍、装饰品类

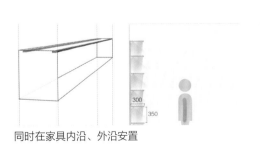

同时在家具内沿、外沿安置

内沿、外沿光一起搭配时，需注意背景光和主体物的明暗比。建议采用 1：3 的亮度比

全景光设计　间接照明设计全书

案例 2

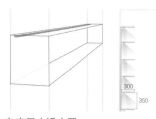

在家具内沿安置

内沿光多以营造氛围为主，强调物体剪影

在家具外沿安置

外沿光强调物体外立面，多以局部功能照明为主

在家具内沿、外沿安置

内沿与外沿光一起搭配时，建议采用 1 ：3 的亮度比

拉近视野看一下不同用光对视觉效果的影响。

夜间无光

白天自然均匀的光

重点光

内沿背面补光（由上往下）

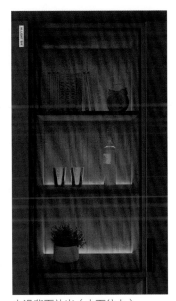

内沿背面补光（由下往上）

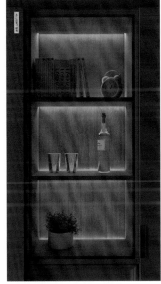

内沿背面补光（上下均有）

 注意

内沿背面补光更能表现玻璃材质物品的通透感，对其他材质的物品则能呈现背光剪影的效果。

外沿正面补光（由上往下）

外沿正面补光（由下往上）

正面、背面组合补光（由上往下）

正面、背面组合补光（内下外上
交叉补光）

家具顶部间接照明

家具顶部间接照明的结构类型

家具顶部间接照明产生的视觉效果

类型	视觉效果	特点	应用场景
进深宽的家具		照射范围广，以局部功能照明为主	橱柜顶部

空间效果展示

橱柜、衣柜等进深宽的家具顶部

　　家具顶部的间接照明主要是对空间起环境照明作用，与直接照明相比，漫反射方式更能营造柔和的基础照明，让空间更温馨。

空间效果展示

厨房橱柜顶部照明设计要素

空间光分布	灯具安装节点	灯具
厨房橱柜顶部光分布	厨房橱柜顶部灯具安装节点	厨房橱柜灯具

空间效果展示

卧室橱柜顶部照明设计要素

空间光分布	灯具安装节点	灯具
卧室橱柜顶部光分布	卧室橱柜顶部灯具安装节点	卧室橱柜灯具

家具低位间接照明

家具低位间接照明的结构类型

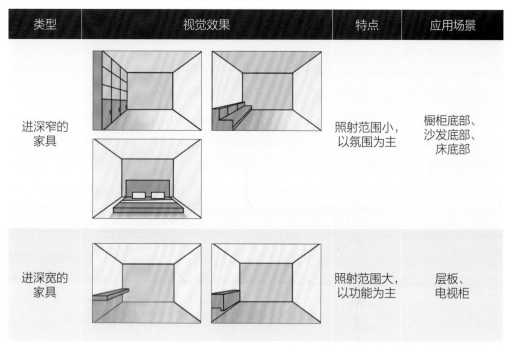

家具低位间接照明产生的视觉效果

类型	视觉效果		特点	应用场景
进深窄的家具			照射范围小，以氛围为主	橱柜底部、沙发底部、床底部
进深宽的家具			照射范围大，以功能为主	层板、电视柜

进深窄的家具

家具低位间接照明主要起到引导及保障安全性的作用，结合家具结构可以烘托氛围并丰富视觉层次感。

橱柜底部

空间效果展示

橱柜底部照明设计要素

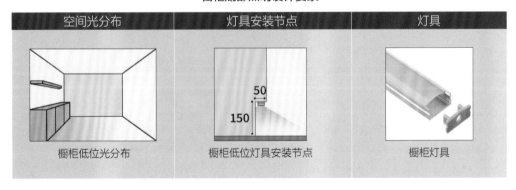

空间光分布	灯具安装节点	灯具
橱柜低位光分布	橱柜低位灯具安装节点	橱柜灯具

空间效果展示

厨房橱柜底部照明设计要素

空间光分布	灯具安装节点	灯具
厨房橱柜低位光分布	厨房橱柜低位灯具安装节点	厨房橱柜灯具

床沿、沙发等底部

这类家具低位间接照明的最主要作用是营造温馨放松的氛围，丰富视觉层次感，以及引导和保障安全性。

空间效果展示

床沿底部照明设计要素

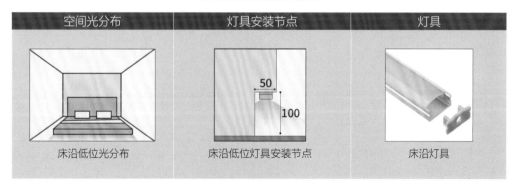

空间光分布	灯具安装节点	灯具
床沿低位光分布	床沿低位灯具安装节点	床沿灯具

6
间接照明与家具
一体式的应用实验

空间效果展示

沙发底部照明设计要素

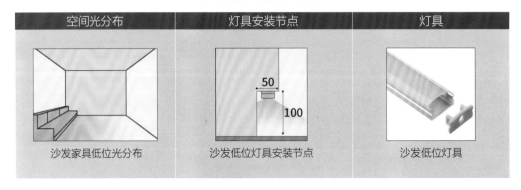

空间光分布	灯具安装节点	灯具
沙发家具低位光分布	沙发低位灯具安装节点	沙发低位灯具

进深宽的家具

○ 书桌底部

空间效果展示

书桌底部照明设计要素

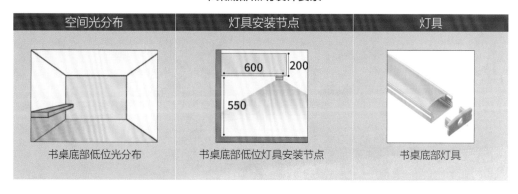

空间光分布	灯具安装节点	灯具
书桌底部低位光分布	书桌底部低位灯具安装节点	书桌底部灯具

电视柜底部

空间效果展示

电视柜底部照明设计要素

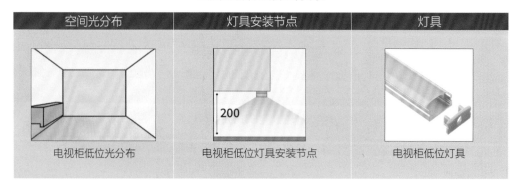

空间光分布	灯具安装节点	灯具
电视柜低位光分布	电视柜低位灯具安装节点	电视柜低位灯具

◐ 浴室柜底部

空间效果展示

浴室柜底部照明设计要素

空间光分布	灯具安装节点	灯具
浴室柜家具低位光分布	浴室柜低位灯具安装节点	浴室柜低位灯具

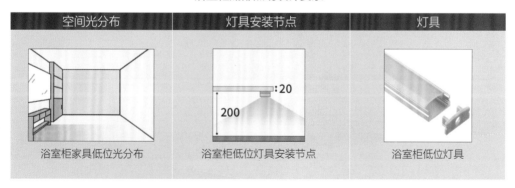

（本章图片来源：好光®）

间接照明
在项目应用中的
设计思考

当我们了解间接光的美及它的表现方式、视觉作用、实现技术后，在实际的项目中应该如何使用好间接光来完成空间表达呢？是在所有的立面或低位都安装上线性灯带吗？显然不是，我们需要理解空间的属性、使用者的行为方式及恰当的明暗关系，用适当的方式去表达空间应有的美。

家居空间的间接照明设计

客餐厅照明

客厅是主人行为方式最多元的区域，对光的需求也是多样的。利用间接光将一面墙温柔地洗亮，以一种柔和的方式让空间亮起来。

适当的重点照明可以突出墙画和茶几

空间照明可根据用户的行为需求，对预设的灯具进行分组，并加入具有时间维度的智能设置，调控光照强度和色温，实现满足用户日常习惯的场景功能。

1 休闲放松时，可以调弱墙面光，打开沙发背沿和窗帘的间接光，主人
沉浸在局部有明有暗的环境里，让身心得以放松

2 观影模式下，保留沙发背沿和局部光，营造私密、沉浸式的娱乐氛围

3 通过对色温的调节，营造不同的视觉体验

4 阅读时，打开局部区域的照明，满足看书需求，同时也营造了明暗有
层次的幽静氛围

5 就餐时，客厅区域暗下来，餐厅墙画的一束重点光打造了空间的主次
关系

6 灯具全开状态下的视觉场景，整个空间明亮柔和

客厅照明

1 观影模式下，保留沙发背沿局部光，营造私密的沉浸式娱乐空间

2 通过调节光的色温，营造不同的空间氛围

3 灯光全开状态下的视觉效果，让整个空间明亮柔和

4 以点亮墙面的方式为空间提供基础照明，让空间的视觉效果更柔和、舒适

5 局部小范围的重点光突出墙画和茶几，让空间有视觉焦点

6 当需要休闲放松时，加入沙发背沿的间接光和局部区域的光，主人在有明有暗的环境中会感受到私密和安全，也更容易放松

餐厨照明

餐厨灯光除了包括基础照明和功能性照明外，还要适当加入层板灯避免操作时产生阴影，同时也能营造视觉层次感

卧室照明

案例 1

1 卧室照明不宜采用过多的
  直接照明，建议用间接光
  营造柔和的环境

2 观影模式下，保留床背沿
  的局部光，营造私密的沉
  浸式娱乐时光

3 通过色彩的变化，营造浪
  漫的视觉氛围

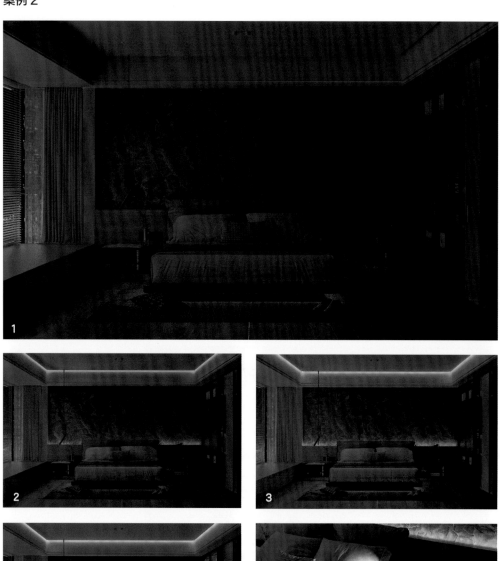

1　起夜时，低位的间接光在保证安全指引的同时，不会影响再次入眠

2　休闲场景下，环境光、床背沿光、低位光可以营造有明暗层次感的视觉氛围

3　通过调节色温，选择自己喜欢的场景氛围

4　老年人由于视觉功能减退，通常不太喜欢偏黄的光，需适当将光调白一些

5　阅读时，打开局部区域的光，既可以满足看书的需要，又不影响旁边的人休息

按作息时间设定逐步变化的光，唤醒主人开启一天生活的不再是闹钟，而是符合人体生物钟规律的光

卫浴空间照明

案例 1

卫生间梳妆区照明除了考虑功能需求外，还要满足氛围需求。一般的基础照明，不仅满足不了梳妆的照明要求，而且让空间显得平淡

加入一束台盆的重点光，既强调了空间明暗主次关系，又令视觉效果更立体。再加入线性间接光，丰富视觉层次

起夜时，低位的间接光在保证安全指引的同时，也不影响再次入眠。镜面的纵向光提供垂直面的照明，这样在梳妆时能看清脸部细节

可调光和调色的智能照明能够根据个人的喜好调节场景光

案例2

卫生间主要是洗漱和护理的空间，现代人待的时间较长，舒适性和功能性均需要考虑

淋浴和泡澡时，开启局部照明，注意浴缸上方照明灯具的入射角度，避免泡澡躺卧时出现眩光。低位光可以保证脚下的安全，天花高位光营造柔和舒适的视觉氛围

基础环境光可采用间接照明的方式，让空间视觉效果更柔和舒适

起夜时，低位的间接光在保证安全指引的同时，不影响人的再次入眠

梳妆时，镜面光能提供呈现脸部细节的照明。台盆上方的下照光可提供功能性照明

开放空间的照明关系

1 在开放空间中，需要平衡空间的明暗关系，客厅是视觉关系的主导，照明等级可适当提高一些

2 玄关起空间的过渡作用，在日常中采用局部光满足功能需求，同时营造舒适放松的空间氛围

3 餐厅和客厅空间通过中位局部间接光做视觉呼应，而重点光起视觉点缀和功能照明的作用

4 餐厅和厨房以舒适的色温过渡。人们在餐厅内的活动以休闲为主，餐厅照明色温宜偏暖，厨房内的活动多为烹饪作业，照明色温宜偏冷。注意空间之间的色温差不宜过大

| 商业空间的间接照明设计 |

在商业领域，空间关系相对复杂，也更多元化，因而其间接照明的设计就更需理解空间属性和空间之间的关系。当人们进入空间时，首先映入眼帘的是空间立面。因此，无论是室内装饰还是用光，做好了立面表达，就完成了空间视觉设计的一大半工作。

室内空间的立面有一个影响视觉效果的重要元素——隔断，它可能是屏风，也可能是造型花窗，还可能是造型墙、背景墙或帘子。隔断在空间功能上是用来划分区域的，在视觉上起遮挡作用，有时也是一种装饰元素。

隔断具有划分空间区域的功能

因此，在理解了空间语言后，隔断在用光的视觉表达上也会围绕着以下几类视觉效果去呈现：

①保护私密性。

②营造神秘感，让人产生好奇感。

③增加空间视觉层次。

④增加空间的装饰趣味性。

入口接待空间

在做接待空间的照明设计时，可以利用两层立面的错层位置关系，通过灯光的处理让视觉表现更丰富有趣。

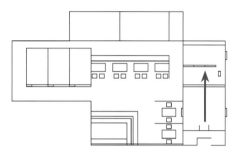

视线方向示意图

压低前景立面金属材质表面亮度，让圆形镂空造型的区域在视线纵深方向上引发人的好奇感。在这里只看到背景里的木质结构散发的光，突显两个立面间的明暗关系，营造神秘感

当前景的立面被光洗亮时，两个面仍以不同的受光形态呈现，丰富画面的立体层次感

加入灯笼的装饰元素，灯光丰富度得到提升，画面呈现效果也变得更有趣

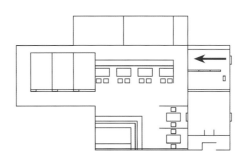

视线方向示意图

1 暖帘作为一种遮挡视线的装置，营造了空间的神秘感。通过灯光处理弱化进门立面区域的明度来创造私密氛围，利用背景砂石与木质结构的位置关系，用间接光把周围区域的立体感表现出来，营造幽静柔和、有层次的视觉环境

2 造型灯笼起到点缀装饰的效果，既使暖帘立面的亮度得到提升，又呼应了接待区的元素，一盏低位照明灯具起到安全引导的作用

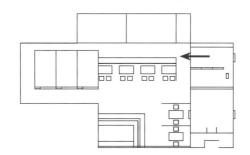

视线方向示意图

进门后有两条路径，一条通往包间通道，一条通向公共餐区。屏风隔断除了起引导路线的作用外，也让
公共区域呈现相对私密的空间氛围

利用间接光把一层一层的木质结构晕染出来，营造幽静、柔合、有层次的视觉环境

透过隔断隐隐约约能看到通道和公共区域的空间，增强了空间的神秘性，激发人的好奇感。低位光起到安全引导的作用，造型灯笼起到视觉点缀的作用

公共开放区域

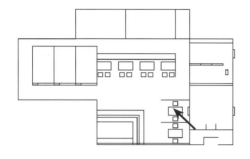

视线方向示意图

1 公共开放区域的隔断也起到空间划分的作用,视
线在不被完全遮挡的情况会使人产生神秘感

2 透过隔断间隙可以隐隐约约看到公共区域的环境,
因此在灯光处理上不用刻意表现隔断,而是采用
虚实、明暗结合的用光,让视觉背景更丰富且有
立体层次感

造型灯笼起到点缀装饰和照亮餐桌的作用。局部区域的桌面光也让客人感受到私密性。低位光起到安全引导的作用。
屏风、吊牌可以适当用重点光处理，注意眩光控制

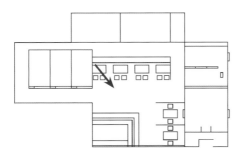

视线方向示意图

公共开放空间内无论是环境光还是功能光，都采用局部小范围的布光，在隐约中营造明暗幽静的视觉氛围，隔断和灯光结合的处理能兼顾私密性和趣味性

造型灯笼和桌灯起到点缀装饰和局部照明的作用

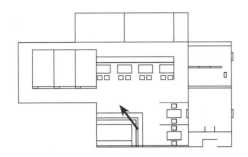

视线方向示意图

吧台区的视角，隔着 S 形金属装饰的隔断，隐约能看到背景墙上的松林图

公共区域在明暗光影的氛围中，也成了别有风味的一景。同样有趣的是，吧台和公共区域都成为
彼此视线范围内的景

造型灯笼和桌灯起到点缀装饰和局部照明的作用

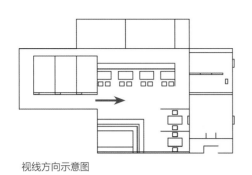

视线方向示意图

S 形金属屏风的窄面在视觉上像一个鸟笼，起到了吸引目光和动线引导的作用

在灯光处理上，无论是环境光还是局部功能光，都采用小范围的布光，在隐约中营造明暗幽静且有韵律感的视觉环境

造型灯笼和桌灯起到点缀装饰和局部照明的作用，墙面灯光有不同的表现方式，无论是采用特殊材料透光还是制造传统擦墙效果，整个画面都是从明到暗，再从暗到明的过渡，让整体空间达到视觉平衡

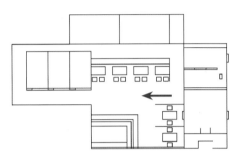

在公共空间明暗关系设定上，不宜一味地用均匀、饱满的光，那样会破坏幽静的氛围，也不宜用过于昏暗的照明布置，那样看不清视觉焦点。空间中有起伏的明暗变化会让画面更有韵律感

视线方向示意图

在刚进入公共空间时，S形金属屏风起到了过渡连接的作用，达到了在视觉上缩小空间的效果，让空间看上去没有那么单调

灯具造型的选择要平衡空间的视觉关系，如采用灯笼造型的灯具，间隔区域也需有同样元素的灯具与之相呼应，以达到视觉平衡。但不宜过多使用不同类型的造型灯，如果大量的低位地灯和中位壁灯同时和悬挂灯笼一起使用，则会显得空间杂乱

照明设计中的借景

户外的照明借景

室内空间布局除了满足功能分区以外，还需有美观性的考虑。在这个案例中，大部分室内区域都和户外自然景观产生联系，保证每个客人都有合适的"观景位"。空间中有个常用的视觉呈现手法，叫"借景"，它有时是户外对室内的借景，也可能是室内对户外的借景，有时室内各空间也能成为彼此的景。在照明设计中需要平衡它们之间的关系。

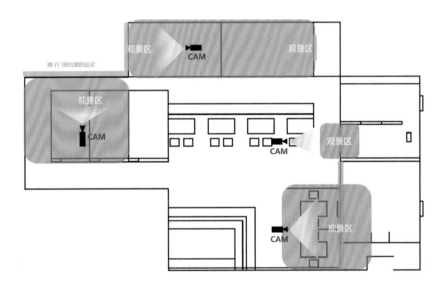

注意

灯光设计在视觉氛围营造上的作用有：
①丰富立体层次感；
②突出神秘性，增强观者的好奇感；
③营造幽静自然的视觉体验。

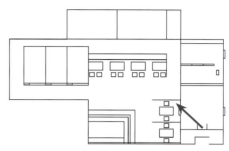

视线方向示意图

日式空间在室内往往注重私密性，常用隔断遮挡视线。对外却是开敞的状态，体现了崇尚自然，希望更亲近自然，感受自然变化的理念

根据不同时间段进行灯光处理，可在夜间呈现内亮外暗的视觉效果以触发人们的好奇感，在隐约中营造明暗幽静且有韵律感的视觉体验

7

间接照明在项目
应用中的设计思考

191

日间呈现内暗外亮的视觉效果，营造亲近自然的氛围

为兼顾室内外的空间关系，局部功能照明都采用小范围的布光。石灯笼起到点缀装饰的
作用，局部重点照亮的鹿威、矮松、枫叶、竹子，以及和室内透出的暖光形成明暗的对比，
让整体视觉效果达到平衡

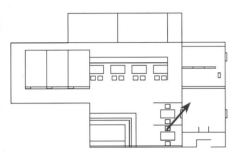

视线方向示意图

在室内光亮度恒定的情况下，通过用光手法的调整，影响人们对物体远近关系的视觉感知，营造出一幅庭院"立体画"。当整个院子在局部微弱的光环境下时，眼前的松树也浸没在幽暗的背景里

当院子整体亮度均匀提升时，松树也被照亮，在视觉上似乎离观者更近了些

7
间接照明在项目
应用中的设计思考

当远处背景墙被洗亮，松树被重点照射时，由于视线位置关系，松树轮廓更清晰了，形成类似背光剪影的视觉效果

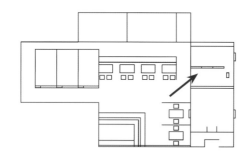

视线方向示意图

当点亮庭院里的灯笼和地灯时，整体明亮度得到了提升，错落有致的装饰营造有趣、热闹的氛围感

当庭院处在局部照明的环境中时，远处背景墙完全暗了下来，眼前悬挂着的雨链也被淹没在幽暗的环境中

当背景墙被洗亮时，由于视线的位置和明暗关系，悬挂着的雨链形成背光剪影的视觉效果

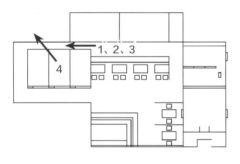

视线方向示意图

1　门廊是室内外的过渡空间，坐在客室内，透过障子门窗可欣赏庭院的风景，一座石灯笼隐约藏在院子里，还原夜色原本幽暗的样子

2　在屋檐上悬挂简约的灯笼，漫射出温柔的光晕点缀视野，也适当提升了庭院的能见度

3　将竹篱笆墙和树木的局部呈现出来，既丰富了视觉立体层次感，又营造出幽静、亲近自然的氛围。要兼顾室内外的空间明暗关系，避免室外光亮度高于室内太多

4　当内部有一束光照射在枫叶上时，由于室内外光环境的强烈明暗差，纸窗上形成比较清晰的阴影

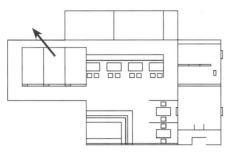

视线方向示意图

关闭立面的擦墙照明，提升外部环境的相对亮度，降低室
内外明暗差后，内部光投射所形成的影子则柔和自然些

关闭内部重点照射光，几乎看不见枫叶影子

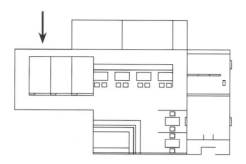

视线方向示意图

从户外庭院观赏室内环境,在白天我们几乎可以看到室内外空间的所有细节,但到了晚上,需要舍弃掉一些内容,将它们隐藏在黑夜里。灯光处理上需考虑庭院、门廊、室内客房空间的明暗过渡关系,总的原则是当室内偏亮时,庭院亮度也相应被提高,要避免出现庭院亮度高过室内亮度的情况

夜深时的幽静感是通过明暗对比来呈现的,故应避免采用大面积均匀的光去照亮整块空间

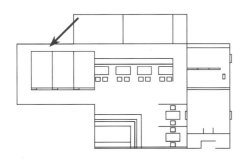

视线方向示意图

在 L 形的空间形态下，客室、庭院、门廊在画面里的呈现变得很生动。灯光处理无需把所有立面打亮

内部空间通过小范围的间接光呈现立面及空间画面

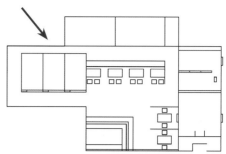

视线方向示意图

外部庭院利用局部石灯笼的微光，或是悬挂灯笼的微光，去呈现夜色下的风景。庭院和室内的明暗关系在这个视角被
有序地诠释出来，使室内外风景相得益彰

室内空间的照明借景

室内空间也常用到"借景"这一造景手法，大多是通过立面的错层关系，在三维纵深方向上，让画面内容做重新的组合连接，形成新的视觉体验。在餐厅的入口处，灯光在视觉效果营造上主要以视觉焦点作为吸引，同时丰富的立体层次感会让客人更有好奇心。因此在灯光处理上，用重点光烘托盆景，远处具有序列感的木质格栅借用入口的圆形镂空造型作为不同面的视框背景，形成丰富的视觉感受。

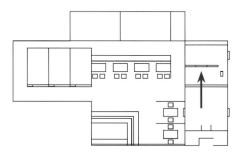

视线方向示意图

这个视角下的隔断墙起到隔开庭院景色的作用，不是整个画面里最强调的部分

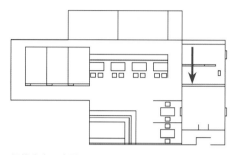

视线方向示意图

1 透过花窗能隐约看到内院景，这种漏景的做法既能从视觉上引发好奇心，又符合东方文化里内敛的特点

2 在隔断的立面用光处理上，采用间接光手法去表现木质结构的剪影效果，让中间花窗部分成为引发好奇心的焦点，同时需考虑空间的明亮比例，尽量避免背光部分亮度过高

● 公共景植的光影处理

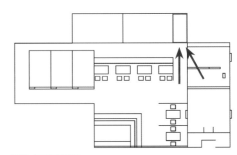

视线方向示意图

自然景植的装饰设计是室内空间和自然的融合。常被设置在入口、过道、包间的动线节点处，让不同方位的人欣赏它
不同面的美

在灯光处理上，用高亮度的重点光营造明暗对比的视觉氛围，避免使用均匀饱满的空间光，否则容易打破餐厅主基调的氛围。假山和花窗后的微光具有点缀背景、丰富视觉层次的效果

如果想让空间明度相对高一些，可用柔和的间接光将周围的水磨墙洗亮，这样不仅对环境光作了一定的补充，而且降低了明暗对比度，提高了整个场景细节的辨识度

景植小场景设置在动线节点处，低位的间接光不仅起到引导路径的作用，而且和擦墙的线形光形成呼应，让每一个经过此处的客人都不禁驻足欣赏这仿佛漂浮起来的客室

◻ 平衡空间亮暗关系

　　如果室内空间营造相对幽暗的重点光环境，那么室外借的物景也应以打造局部焦点为主；如果室内空间相对均匀、明亮一些，那么室外借的物景也要相对亮一些，可适当洗亮周围墙面，达到视觉亮度的平衡。

包间的开放式造型花窗提供了一处观景视角

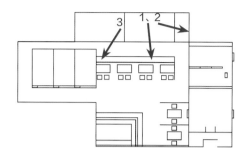

视线方向示意图

包间外的走廊墙面采用仿山水的造型，营造仿佛置身于自然山水的氛围。客室开门与"山水"相望，花窗外的景植与之形成虚实呼应

榻榻米、枯枝、石灯笼、枫叶、木地板，高低有致，丰富了视觉的层次感。灯光处理上也是虚实结合：枯枝主要以戏剧化的重点光营造视觉焦点，山水造型则以虚化的间接光的形式幽幽浮现在眼前，更彰显"山水"的层次感。低位桌灯和庭院的石灯营造幽静、禅意的氛围

每一间客室的门都正对着过道立面墙上日式壁龛的装饰品。这样的设计布局让过道的每一处壁龛都和客室空间的整体构图产生联系。空间语言在某种程度上并非独立存在的，而是统一的。

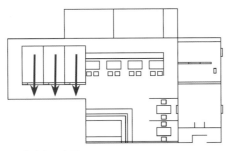

视线方向示意图

在灯光处理上，需要把客室外的壁龛照明也一并考虑到客室照明中去，原则仍然是平衡内外的明暗关系

当室内用光仅表现一些小块面积的竹子元素、画幅和景植时，空间氛围会幽暗一些，此时外部壁龛可采用背光剪影的效果，以达到整体的视觉平衡

当室内整体亮度设定比较高时，外部的壁龛也应用重点光去表现视觉焦点

虽然每个空间在自己的体系里有各自的视觉原则，但也要与整体空间保持和谐。在空间照明设计时，要平衡空间明暗关系，形成某种协调而统一的视觉体系。比如过道是一个动线上的过渡空间，其用光既要呈现其特有的氛围，又需符合整体空间的基调。

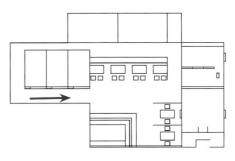

视线方向示意图

当用悬挂日式灯笼在高位制造秩序感时，在同一立面上就尽量不要使用壁灯和地灯这类块状感的造型灯具，仅用低位局部线性光做上下的明暗呼应。由于整体空间偏热闹、明亮，因此对墙上的壁龛装饰物宜采用重点光的方式去呈现，形成视觉焦点，从而平衡过道两边的明暗关系

当采用壁灯或地灯这样的块状造型灯具时，整体的环境光相对偏弱，因此对墙上的壁龛装饰物的用光也需克制，可采用背光剪影的间接光手法，呼应整体明暗比

照明的动线视觉设计

在设计商业空间照明时，要考虑空间动线，空间的展示顺序影响着观赏者的情绪变化。我们通过本案例入口动线视觉设计来看间接光是如何表现空间的，又是如何影响人们移动过程中的心理情绪的。

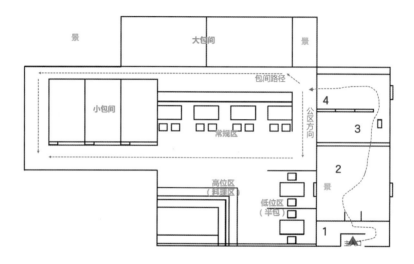

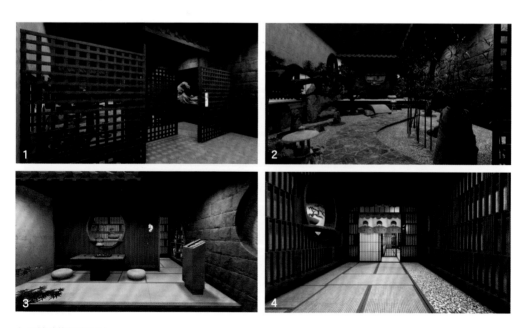

入口处动线视觉设计

夜间效果

东方建筑空间都有"藏"的概念，餐饮空间入口采用木质结构的栅栏和暖帘作为视线遮挡，通过间隙可隐约看到庭院内景，引发客人好奇心。用光方式采用日式灯笼元素营造热闹的商业氛围，整体的明亮度会稍高一些，低位局部的造型地灯起到安全引导的作用。入口在灯光表达上呈现欢迎的姿态

进入庭院，整个灯光强度降下来，映入眼帘的是装饰着矮松的半开放式餐饮内部空间。采用局部明暗的用光方式，巧妙利用建筑结构线条，隐藏的间接光晕营造出若隐若现的餐厅内景

"曲径通幽"后豁然开朗，两边的枯山水、矮松、枫树、竹子，一步一景，整个环境以幽静的氛围为主。S形石板路在低位光的安全指引下通向接待处，屋檐瓦片下，设计了与入口灯笼呼应的元素，提升了视觉丰富度

欣赏过相对幽暗的庭院后，进入正式接待区，整个区域的照度等级再次被提升，让人在空间中体验有节奏地由明到暗，再由暗到明的过程。在立面隔断造型墙的表现上，继续使用有序排列的灯笼来提升视觉丰富度。这里没有一览无余的通透感，隔断的遮盖造就隐约的神秘感，引发观者无限的好奇

透过圆形花窗的幽幽背景，是餐厅入口空间里大块且有秩序感的视觉立面，以间接光的形式把木质结构表现出来，营造内敛中不失趣味的画面底色。暖帘的遮挡激发客人对内部烟火气的向往。在前方挂 3 盏灯笼再次呼应整体氛围，低位的 1 盏地灯似乎在指引客人

　　整个路径让客人体验入口的热闹与隐蔽，庭院的幽静与有趣，以及对餐室的好奇与向往。灯光的处理使空间像桃花源画卷般徐徐展开，曲折的路径体验也影响着客人的情绪起伏。

日间效果

庭院整个空间采用均匀饱满的仿日间日光效果，让客人体验平稳的视觉过渡，适当采用局部线形间接光点缀，使整体明暗关系维持在庭院亮度略高于室内环境的状态

这个呈现效果，不同于夜间的重氛围、轻细部，整个庭院的细节比较清晰，可见度也相对较高

由于庭院的明度高，所以接待区的造型墙特意降低明亮度，以便让动线上的视觉节奏再次慢下来。仅用几束重点光去突显盆栽和茶几，更多的是去呈现内景背景墙，烘托立体层次感的同时引起客人好奇

入口空间通过提升空间亮度来呈现欢迎氛围，虽然在视觉体验过程中有几次明暗起伏，但整体用光和形态都保持和庭院呼应的简洁干净的氛围

在商业空间中，我们再一次感受到了间接照明设计的魅力。身处智能时代，我们可以利用光的变化影响人们对空间的视觉和心理感受。设计的核心不仅在于技术，更在于如何处理好空间与人的关系。从人在静态时对空间的视觉感受，到人在动态时与空间的互动，所产生的心理影响，都体现出设计的价值和魅力。

（本章图片来源：好光®）

致谢

2018 年，我有幸加入"云知光"团队，这是一个有梦想的地方，企业非常支持每一个有想法的年轻人去做有价值的事。"推动照明产业升级，让人居光环境更美好"不是单纯的企业口号，而是"云知光"团队每位成员热爱和为之努力的方向。我们迈出的第一步就是以最平凡的人居环境为立足点去诠释光、设计光、应用光，这也是本书能和读者见面的缘由。从最开始我的一个想法，到构思、协调团队推进都花了很多心思，整个过程从立项到正式出版，历时两年多，希望给读者朋友带来更丰富的阅读体验。

在本书构思过程中受益于"云知光"的创始人兼首席执行官曹传双先生和徐庆辉先生的结构性建议及参考资料的支持。非常感谢刘康俊博士的数字化团队对场景建模的渲染和袁立超先生在产品实现上的技术支持，让读者有了更多可视化的场景体验。

同时也非常感谢杨振益先生、黄雪柔女士为本书精心绘制的示意图和潘重坚女士手绘的经典案例图、封面手绘图，让本书在阅读体验时更加生动。

本书能够和读者见面，离不开朱远慧女士的沟通协调和天津凤凰空间文化传媒有限公司在出版过程中的用心支持。还要感谢"Hilight 好光"品牌和照明行业各位专家老师们的指导意见。

在这里也对支持本书的团队、同事们和领导表示最由衷的感谢。同时也要感谢阅读完本书的读者朋友们，希望本书对你有所帮助，设计就像一场不断探寻且没有终点的旅程，愿你我共勉。

沈辛盛